通信网络前沿
技术丛书

5G移动网络的同步

（下册）

丹尼斯·哈加蒂（Dennis Hagarty）

[美] 沙希德·阿杰梅里（Shahid Ajmeri） 著

安舒尔·坦瓦尔（Anshul Tanwar）

郭宇春 赵永祥 李纯喜 张立军 郑宏云 译

SYNCHRONIZING 5G MOBILE NETWORKS

U0191519

机械工业出版社

CHINA MACHINE PRESS

图书在版编目（CIP）数据

5G 移动网络的同步. 下册 /（美）丹尼斯·哈加蒂（Dennis Hagarty），（美）沙希德·阿杰梅里（Shahid Ajmeri），（美）安舒尔·坦瓦尔（Anshul Tanwar）著；郭宇春等译 .—北京：机械工业出版社，2024.7

（通信网络前沿技术丛书）

书名原文：Synchronizing 5G Mobile Networks

ISBN 978-7-111-75814-3

Ⅰ. ① 5… Ⅱ. ①丹… ②沙… ③安… ④郭… Ⅲ. ①第五代移动通信系统 Ⅳ. ① TN929.538

中国国家版本馆 CIP 数据核字（2024）第 097964 号

机械工业出版社（北京市百万庄大街 22 号　邮政编码 100037）

策划编辑：王　颖　　　　　　　　责任编辑：王　颖

责任校对：王小童　薄萌钰　韩雪清　　责任印制：郑　敏

三河市宏达印刷有限公司印刷

2024 年 7 月第 1 版第 1 次印刷

186mm × 240mm · 12.75 印张 · 204 千字

标准书号：ISBN 978-7-111-75814-3

定价：69.00 元

电话服务　　　　　　　　网络服务

客服电话：010-88361066　机　工　官　网：www.cmpbook.com

　　　　　010-88379833　机　工　官　博：weibo.com/cmp1952

　　　　　010-68326294　金　书　网：www.golden-book.com

封底无防伪标均为盗版　　机工教育服务网：www.cmpedu.com

保持高质量的同步对电信网络来说非常重要。移动通信网络对同步的要求更高，它不仅要求频率同步，而且要求相位同步，这将是更大的技术挑战。随着 4G/5G 移动通信技术在各种工业场景中的普遍应用，除了通信网络，工厂自动化、音频 / 视频系统、同步无线传感器和物联网等各类应用都需要同步技术的支持，同步标准也在不断发展，以适应不同的应用需求。

本书英文版 *Synchronizing 5G Mobile Networks* 将同步理论与实际测试相结合，阐述了同步技术的发展演进、技术原理、标准规范和实际部署应用，对技术挑战、方案设计选择测试等问题进行了充分的讨论，并且对于不同应用领域的特定需求进行了具体分析，给出了相应的解决方案。因篇幅较大，我们将中文翻译版分为上册和下册，本书是下册，阐述了定时要求、定时解决方案和现场测试，包括第 10 章移动定时要求、第 11 章 5G 定时解决方案和第 12 章验证定时解决方案和现场测试。

本书的三位作者丹尼斯·哈加蒂（Dennis Hagarty）、沙希德·阿杰梅里（Shahid Ajmeri）和安舒尔·坦瓦尔（Anshul Tanwar）都是信息技术和电信领域的资深技术专家，对于同步技术的研发应用和标准化都具有深厚的经验并取得了卓越成就。在本书中，他们将这些真知灼见以深入浅出的方式进行呈现，为读者提供了 5G 网络中同步技术研发应用的丰富经验和深刻洞见。

通过阅读本书可以系统地了解各种同步方案的设计原理、利弊细节、技术挑战以及相关部署经验，对于专业技术人员、管理人员或者通信专业的学生来说，这无疑是一本很好的参考书。

推 荐 序 |Foreword|

自 20 世纪 70 年代数字网络出现以来，电信网络就有了同步分发的需求。最初，语音呼叫转移需要频率同步。随着多年的发展，多代设备标准逐步提高了对频率同步的要求，并于近些年扩展到时间同步（或者更精确地说是相位同步），以使移动基站可与其他基站进行相位校准，支持重叠的无线覆盖范围。

处理网络同步时遇到的一个典型现象是，当网络同步出现错误时，最初反映的问题看起来并不是同步问题。我的工程生涯是从一名数字设计工程师开始的，在进行印制电路板 (PCB) 布局设计时，我学到的第一课就是要始终先制定时钟分发计划，并使分发尽可能健壮。直到现在这都是最好的经验，因为当 PCB 组件发生时钟问题时，表现出来的却是逻辑设计问题，而不是时钟问题，解决这类问题非常具有挑战性。

网络中的同步问题会导致零星的中断或数据丢失事件，这些事件往往相隔数小时或数天，看起来可能是流量加载 / 管理问题引起的，因此追溯起来非常困难。这就是为什么网络架构师总是非常注重他们的同步网络的设计质量，确保同步是通过设计而不是通过试错来稳健分发的。

随着移动网络的发展，对同步的要求从频率扩展到相位。对设计人员来说，相位同步中除了有设备和网络频率分布的挑战，还有一系列额外的挑战。国际电信联盟远程通信标准化组（ITU-T）最近制定的国际标准为相位传输规定了更严格的性能要求。结合精确的相位同步对移动网络的重要性日益增加（由于预测的无线电台数量将大大增加，从而导致广播覆盖范围增加），以及时间 / 相位在一些新兴领域中的使用，确保在生命周期的每个阶段都能设计良好的质量和性能变得尤为重要。

如今，一些应用领域（例如工厂自动化、音频 / 视频系统、利用机器交易的金融网络等）对准确性的要求越来越高，且关键是理解时间 / 相位传输的变化，以及这些变化带来的挑战和可能产生的问题。对设计师而言，最重要的是理解如何减轻阻碍可靠时间 / 相位传输的问题。一旦掌握了相关知识和技能，就能够利用这些知识和技能设计同步网络，以满足对时间 / 相位的特定需求。

无论你是需要特定的知识还是想成为专家，本书都能满足你的需求并能够帮助你广泛而深刻地理解同步。阅读愉快！

——汤米·库克

Calnex 解决方案公司创始人兼首席执行官

前　　言 | Preface |

保持高质量的同步对于各种形式的通信都是非常重要的。对于移动网络而言，同步是良好性能的一个特别关键的前提条件。如果定时分发网络的设计、部署和管理不当，同步将对网络的效率、可靠性和容量产生巨大的负面影响。

这些网络对时钟准确性和精确度有严格的要求，需要网络工程师对同步协议、同步行为和部署需求具有深刻的认识和理解。

同步标准也在不断发展，以适应广泛的实时网络技术的应用需求。同步技术应用广泛，除了 4G/5G 移动和无线系统，还包括工厂自动化、音频 / 视频系统、同步无线传感器和物联网等。

本书不仅介绍了移动通信，还给出了当今移动运营商面临的关键技术趋势和决策要点的背景知识，更是讨论了使用同类最佳设计实践的几种部署方法、案例的实现和定时特征。

本书前面章节给出的技术术语将在后面章节给出更多的技术细节，并对这些主题进行更深入的讨论。随着细节的描述，术语的定义也变得更加精确。

例如，在开始时，本书会在某种程度上交替使用日常术语，如时钟、同步和定时。有些章节谈到了携带时间或传输同步、为无线电提供时钟或对网络设备进行定时，而事实上，有些同步方法根本不涉及实际时间。

本书并未对应该部署哪些技术给出建议，也没有为移动运营商提供过渡计划。每个移动运营商可以根据自己的标准和情况对这些技术进行评估和决策。然而，本书确实涵盖了每种方法背后的利弊细节，让工程师能够进行更明智的决策。

写作目标

随着新技术的出现，定时和同步变得越来越复杂。关于这个主题的学习资源较为分散，本书包括定时标准和协议、时钟设计、操作和测试、解决方案设计和部署权衡等主题，并在基础层面和高阶层面提供了有关定时和同步的信息，旨在更好地满足读者的学习需求。

虽然 5G 移动是本书的重点，但本书的编写也与其他行业和用例有关。这是因为在越来越多的场景中，对定时解决方案的需求变得越来越重要——移动网络只是一个非常具体的例子。许多概念和原则同样适用于其他用例。

面向读者

本书适合任何技术水平的读者阅读，包括以下人员：

- 希望设计和部署移动网络的传输设计工程师和无线工程师。
- 准备验证时钟设备或认证生产网络中的同步解决方案的测试工程师。
- 有兴趣了解时间同步技术演变及其对移动服务提供商客户影响的网络顾问。
- 准备在移动服务提供商或私人 5G 网络领域工作的学生。
- 希望进一步了解时间同步为移动网络所赋予价值的首席技术官。

本书还包括了一些实际的例子，如工程师如何构建一个解决方案，从而提供符合准确度要求的定时。本书内容由浅入深，即使对本书主题零基础的网络工程师，也可轻松学习和掌握。

内容组织

本书从基本概念入手，逐步构建实施定时解决方案所需的知识体系。对于那些刚进入该领域的读者来说，推荐按顺序逐章阅读本书，以获最大收益。

如果你对某一特定领域感兴趣，可以根据你所需要的技术深度选择本书相应章节阅读。本书特色如下：

- 将烦琐的技术处理和数学公式限制在较少的章节中，而且只在必要时才使用。

- 全面涵盖了技术和产品特性层面的主题，包括设备设计、选择和测试。
- 覆盖了完整的移动定时领域，包括分组传输、卫星系统、无线前传网络、网络定时冗余等。
- 帮助网络和传输工程师、无线工程师和管理人员了解如何验证他们对 5G 定时解决方案的选择和设计。
- 对任何选择或设计定时解决方案的人都有帮助，特别是那些使用 PTP 电信配置文件的人。
- 涵盖了标准制定组织和行业的最新标准和功能。
- 对不同的部署方法进行了比较和对比——对供应商保持客观、中立态度。

使用的图标

|Acknowledgements| 致　　谢

编写一本书需要耐心、自律，当然还有大量的时间。我们要特别感谢 Cisco 内部员工对我们编写工作的巨大支持，还要感谢我们的管理团队和同事。

我们对审稿人 Peter 和 Mike 深表感谢，他们惊人的工作效率和洞察力使我们的文本得到了改进，并纠正了书中的错误和误解。他们花费了大量的时间和精力来理解和审视我们的书稿材料，这确实令人印象深刻。

同样，我们要感谢来自不同公司的贡献者，特别是 Calnex 解决方案公司，尤其是他们的首席执行官 Tommy Cook，谢谢他愿意为我们撰写推荐序。

我们要对本书的编辑 James Manly 表示感谢，感谢他对不断变化的截止日期的耐心，以及他为使本书写作与我们日常工作相适应付出的努力。我们还要感谢开发编辑 Chris Cleveland，感谢他自始至终的坚实指导。他们在整个过程中的协助，使得本书的写作成了一次有趣和有益的经历。

最后，我们要感谢许多标准制定组织、技术专家和移动专家，他们为移动通信和时间同步领域，特别是 5G 移动领域做出了巨大的贡献。这些专业人士中，有些人设计和生产硬件，有些人设计和编写软件，还有许多人为标准制定组织做出了有价值的贡献。如果没有他们的努力工作，精益求精，就不会有本书的编写和出版。

目 录 |Contents|

移动定时要求

传统的电信网络依靠精确的频率分发来优化传输并管理时分复用（TDM）传输连接。然而，随着无线网络的演进，准确时间、相位和频率的分发已成为现代通信服务的必要条件和基础设施。在无线服务（例如，GSM、CDMA、WiMAX、LTE或 5G）中，即使终端用户服务（例如，移动宽带互联网接入）可能并不需要同步，但空中接口仍要求严格同步。

定时和同步是高效移动网络的关键组成部分，在分发和保持准确时间以及同步相位信号中，传输网络起着非常关键的作用。如果没有正确设计、实施和管理准确时间和相位分发，移动网络中的移动服务将在效率、可靠性和容量方面受到严重的（负面）影响。移动用户可能会遭遇掉线、数据会话中断和整体用户体验不佳的情况。

一个实现良好的定时和同步网络具有以下主要特征：

- 准确度：网络元素的频率同步（同步化）到标称频率（允许小容差）。
- 定时容限：通过网络传输的相位误差不超过应用用例和时分双工（TDD）无线应用所要求的定时容限。
- 收敛性：只需很短的时间间隔就能"锁定"频率和相位并将其与时间源对齐。
- 保持时间：提供合理的缓冲期以保持时间准确性，使无线单元在失去与参考时钟或时间源连接时，能够将其频率和相位保持在规定范围内。

- 弹性：网络适应故障（例如，GPS 信号中断）和网络重新配置的能力。
- 成本：网络的设计在构建、监控和运营方面具有成本效益。
- 适应性和灵活性：网络架构可以在不同的拓扑和传输技术中实现。

了解无线同步要求、用例和涉及的权衡，对于同步网络设计非常重要。为此，本章讨论了移动网络、无线接入网络架构的演进及其同步要求。

10.1　蜂窝网络的演进

第一代移动网络由日本电报电话公司（NTT）于 1979 年在东京推出，它本采用简单的频分多址（FDMA）技术实现，本质上还是模拟网络。1983 年，美国推出了第一代 1G 蜂窝网络，摩托罗拉基于这个蜂窝网络生产了第一批能在美国跨州使用的手机。继第一代之后，移动网络的演进代际约 10 年。

第二代（2G）蜂窝网络于 1991 年在芬兰推出。2G 移动技术的起点是全球移动通信系统（GSM）和临时标准 95（IS-95），也称为 cdmaOne。两者都是数字网络，并支持语音通信和高达 14.4kbit/s 的低速率电路交换数据通信。GSM 采用了频分多址（FDMA）和时分多址（TDMA）的混合技术，而 IS-95 采用了混合 FDMA 和码分多址（CDMA）技术。

2.5G 技术最先在移动网络中引入分组交换数据服务以及基于电路交换的语音和数据服务。通用分组无线业务（General Packet Radio Service，GPRS）是主要的 2.5G 标准。将分组交换（PS）域引入了 GSM 核心网络。GPRS 编码方案采用纠错和多时隙以在基于 GSM 的无线接入网（RAN）中实现更高的数据速率。对于 cdmaOne 系列，分组交换是由 IS-95B 引入的，并于 1999 年在韩国开始部署。

1998 年，第三代合作伙伴计划（3GPP）启动，旨在定义基于 2G GSM 的第三代（3G）移动系统，并标准化不同供应商的网络协议。同时，第三代合作伙伴计划 2（3GPP2）定义了基于 CDMA 的替代 3G 网络。2001 年，NTT Docomo 首次推出 3G。

首批 3G 系统如下：

- 增强型 GSM 演进（EDGE）数据速率，也称为预 3G 或 2.75G。它是 GPRS

的超集，可以在任何基于 GPRS 的网络上运行。EDGE 使用 8PSK 调制技术来实现更高的数据速率，例如，下行速率高达 384kbit/s。

- 与 GSM/GPRS 或 EDGE 共享相同核心网络的通用移动电信系统（UMTS）。它采用宽带码分多址（WCDMA），所以 UMTS 的 RAN 架构完全不同，可以达到与 EDGE 相同的下载速度（384kbit/s）。
- 在 IS-2000 中定义的 cdma2000 1xRTT（单载波无线传输技术）使用正交相移键控（QPSK）调制技术实现了高达 153.6kbit/s 的下行链路速率。

IS-856 中定义的 1xEvolution-Data Optimized（1xEV-DO）和高速分组接入（HSPA）被视为 3.5G 网络的一部分。1xEV-DO 采用自适应调制和编码（AMC）实现了具有更高码率的前向纠错（FEC），可获得更好的频谱效率和改进的信噪比（SNR），因此可以实现 2.4Mbit/s 的更高的下行速率。与 cdmaOne 和 cdma2000 不同，1xEV-DO 仅使用分组交换数据网络

HSPA 包括高速下行分组接入（HSDPA）和高速上行分组接入（HSUPA），在 3G 性能上有所改进。HSDPA 也为 3.5G，通过使用 AMC 和改进的调度算法提高了 UMTS 的下行速率，达到了 14Mbit/s 的峰值速率。HSUPA 也称为 3.75G，使用类似的技术和专用数据信道实现了高达 5Mbit/s 的上行链路数据速率。

4G 首先于 2009 年在瑞典斯德哥尔摩和挪威奥斯陆部署，该系统使用 LTE 标准。最初，3GPP 4G 系统被称为架构演进（SAE）系统，它的核心网络是演进分组核心网（EPC），并且仅 RAN 被称为 LTE。然而，LTE 这个名字变得越来越流行，业界现在用它来指代整个系统。

如图 10-1 所示，4G LTE 具有与 UMTS 架构完全不同的核心网络和 RAN 网络。4G LTE EPC 完全是分组交换的，不支持电路交换域；在 LTE 中，甚至使用 IP 语音（VoIP）把语音也作为数据进行传输。

4G LTE RAN 使用不同的正交频分多址（OFDMA）技术来实现高达 300Mbit/s 的峰值数据速率。随后推出的 LTE-A（LTE Advanced）引入了多载波使用高达 100MHz 的超宽带宽，最终实现高达 3000Mbit/s 数据速率的技术。

全球微波接入互操作性（WiMAX）由 WiMAX 论坛创建，以 2005 年的 IEEE802.16 标准集为基础。WiMAX 旨在替代有线或数字用户线（DSL），以提供最后一英里的

无线宽带接入。

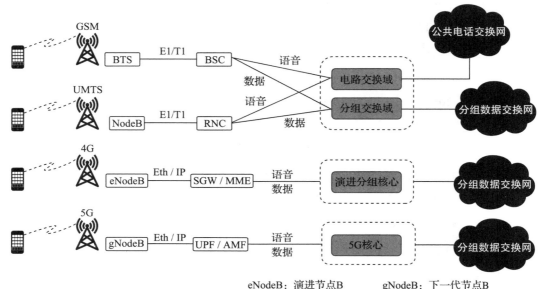

BTS：基站收发器　　　　NodeB：节点B　　　　　eNodeB：演进节点B　　　　gNodeB：下一代节点B
BSC：基站控制器　　　　RNC：无线网络控制器　　MME：服务网关　　　　　　UPF：用户平面功能
　　　　　　　　　　　　　　　　　　　　　　　SGW：移动管理实体　　　　AMF：接入和移动管理功能

图 10-1　RAN 架构（2G、3G、4G 和 5G）

2011 年，移动版 WiMAX（基于 IEEE802.16e-2005 和 802.16m-2011）成为 4G 采用的候选技术，与 LTE-A 标准竞争。WiMAX 最初只提供 30 ～ 40Mbit/s 的数据速率，但随着 2011 年 802.16m 标准的发布，它能够为固定站点提供高达 1000Mbit/s 的数据速率。在 LTE-A 和 WiMAX 之间，LTE-A 似乎是一种更好的方法，并且在 4G 部署中比 WiMAX 更受欢迎。

第五代（5G）移动网络是移动通信标准的下一个主要阶段。移动互联网宽带和智能设备驱动的无线数据业务呈指数增长，触发了 5G 蜂窝网络的发展。5G 提供了更高的数据速率、增强的最终用户体验质量（QoE）、更少的端到端延迟、更低的能耗。

为了满足广泛的用例，5G 需要接入下列频段的频谱：

- 低频段：低于 1GHz 的频率，最适合为移动用户提供广泛的覆盖范围以及支持物联网（IoT）服务。这些频段特别适合高移动性、大范围覆盖以及建筑和植被深处的接收。

- 中频段：$1 \sim 6\,\text{GHz}$ 的频率，提供覆盖范围和容量。大多数 5G 商业网络部署在 $3.3 \sim 3.8\,\text{GHz}$ 范围内。运营商还可以将 $1.8\,\text{GHz}$、$2.3\,\text{GHz}$ 和 $2.6\,\text{GHz}$ 等传统 4G 频段用于 5G 服务。为了应对长期增长的带宽需求，$3 \sim 24\,\text{GHz}$ 之间的频段也用于 5G 和未来扩展。
- 高频段：目前全球正在考虑使用 $26\,\text{GHz}$、$28\,\text{GHz}$ 和 $40\,\text{GHz}$ 来支持超高速宽带用例。为了扩大容量需求，人们对在 5G 网络中使用毫米波（mmWave）频段产生了极大兴趣。尽管 $30 \sim 300 \ \text{GHz}$ 的毫米波仅能服务于较小的覆盖区域，但短距离还能够有效地重用频谱并限制小区间干扰。

SK 电信于 2019 年 4 月在韩国首次使用 $3.5\,\text{GHz}$ 频谱部署 5G。

10.2　移动网络的定时要求

传统上，无线网络需要在空中接口处具有严格的频率稳定性以确保：最小化相邻无线基站（BS）之间的干扰，便于呼叫切换，以及满足对干扰的监管要求。除此之外，回传传输方法（例如，E1/T1、SDH/SONET 或以太网）也需要严格的频率同步，以实现精确的复用和解复用。

为了理解这些要求对定时设计的影响，下面将介绍无线技术的基础知识。涵盖了每种无线技术，并描述了定时对这些技术如此重要的原因。

10.2.1　多址和全双工技术

为了区分和分离不同发射机和接收机之间的信号，2G、3G 蜂窝网络采用了 FDMA、TDMA、CDMA 等多址技术。图 10-2 说明了每种技术，并在后面的列表中进一步描述这些技术。

- FDMA 是将一个频率信道或带宽划分为多个不重叠的子信道，并为每个用户分发一个用于发送用户数据子信道的过程。然后无线将数据调制到子信道频率的载波上。注意 FDMA 还可以（快速）将用户分发到频带中的新频率，这是一种减少干扰和改善服务质量的方法，也称为跳频。

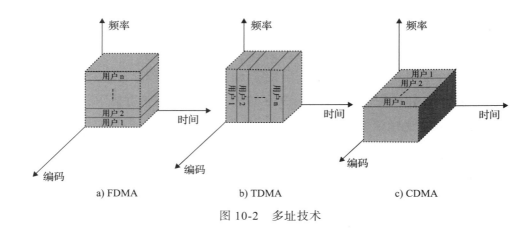

a) FDMA　　　　　　　b) TDMA　　　　　　　c) CDMA

图 10-2　多址技术

- TDMA 是一种将单个频率信道划分为多个时隙的技术。这些时隙可以被不同的发射机使用；例如，用户 1 使用时隙 1，用户 2 使用时隙 2。TDMA 允许每个用户在给定时隙里轮流使用整个信道带宽。每个无线单元在信道频率的载波上调制数据，但仅在其指定的传输时隙内进行。

- CDMA 的工作原理是使用扩频技术来区分共享频率的不同用户——每个用户在整个时间段内都可以访问整个带宽。具有独特扩频码的不同信号可以调制到单个载波上以支持多个用户。每个无线信号以信道频率作为载波调制数据，但仅使用分发的扩频码。

现在已经介绍了访问无线资源的技术，接下来讨论如何处理发送和接收之间的分离以实现同时双向通信或全双工通信。

如图 10-3 所示，无线系统采用两种关键技术来实现全双工：频分双工（FDD）或时分双工（TDD）。

FDD同时使用两个频段：　　　　　　TDD在上行和下行使用相同的频率，
f_1表示上行链路，f_2表示下行链路　　　　　　但时隙不同

图 10-3　FDD 和 TDD

- FDD 在两个不同的频率范围内分别分发一个信道，分别用于上行链路和下行链路这两个不同的传输方向。

  保护频带将两个频带分开以避免任何干扰。例如，频带的上半部分可用于发送，而频带的下半部分可用于接收。在 FDD 中，保护频带不会影响用户的吞吐量，因为它就像高速公路中间带——将不同方向的车道分开。

- TDD 对上行链路和下行链路使用单一频率，并为发送和接收分发不同的时隙。例如，系统可能允许单个用户发送 4ms，然后在下一个 4ms 时隙内接收。

  保护时间（或保护间隔 [GP]）用于分隔发送和接收时隙，并留出时间在发送和接收模式之间切换（这可能需要几微秒）。此外，保护时间反映了两个无线信号之间的传播时间。例如，如果用户设备（UE）发射机在距离 10 km 以外，信号从手机到达基站需要 33μs，那么基站的接收机必须留出 33μs 等待信号到达，然后才能使用相同频率传输信号。

  对于短距离，这是一个微不足道的问题，但对于长距离，以这种方式使用保护时间会消耗越来越多的可用的信号传输时间，导致系统的有效吞吐量降低。另一方面，虽然使用更小的保护时间可以提供更高的吞吐量，但这种情况只有在手机和基站之间严格同步的情况下才能成立。

基于 FDD 和 TDD 的实现有许多优点和缺点，并且根据部署要求，移动运营商会在两者之中选择一个。表 10-1 比较了 FDD 与 TDD（UL 是上行链路，DL 是下行链路）。

总之，移动电信系统已经发展为使用多址技术和双工技术的各种组合。下面是一些例子：

- 高级移动电话服务（AMPS）是第一个分发一对频率以实现全双工操作的蜂窝系统。AMPS 系统是纯 FDD 全双工 FDMA 系统的示例。

- GSM 将 TDMA 和 FDD 结合起来使用。一个给定的用户将分发一个 200kHz 的上行信道和一个 200kHz 的下行信道（FDD），这两个信道间隔一个宽的保护频带（在许多国家，这个保护频带是或曾经是 45MHz）。每个方向上的单个信道进一步划分为 8 个时隙，以支持使用 TDMA 的 8 个用户。

- 相比之下，UMTS、4G 和 5G 架构允许在其无线信号中同时使用 FDD 和 TDD 双工技术。

表 10-1　FDD 与 TDD 的比较

参数	FDD	TDD	FDD 或者 TDD
频谱效率	由于 UL 和 DL 的频段不同，频谱效率较低	TDD 只需要一个频率信道即可用于 UL 和 DL，因此效率更高	TDD
时延	由于传输和接收同时发生，因此 FDD 更适合于低延迟通信	由于传输和接收不能同时发生，因此 TDD 中存在时间延迟，基于 TDD 的通信有更大的延迟	FDD
保护频带 / 保护时间	采用保护频带分隔 UL 和 DL 频带	保护时间分隔 UL 和 DL 传输，是基站在发射和接收之间的切换时间。由于在此期间无法传输任何数据，因此这段时间的频谱浪费掉了	FDD
流量不对称	由于 UL 和 DL 频带大小是预先确定的，因此无法对频谱进行动态更改以匹配容量需求	通过调整时隙以将流量容量与需求相匹配，可以优化 UL 或 DL 带宽的分布	TDD
距离	可以在更长的距离上传输，而不受任何帧结构的限制	必须引入更长的 GP 以适应多路径和传播延迟的影响	FDD
吞吐量	对于给定的频谱大小，由于 FDD 帧结构开销较少，因此可以提供更好的峰值吞吐量	由于帧结构中的开销更大，为了达到 FDD 相同的性能，在给定频谱条件下 TDD 需要更多的无线基站	FDD
时间同步	UL 和 DL 位于不同的频段中，因此无须相位对齐	由于无线信号在同一频段内在 UL 和 DL 之间连续切换，因此必须进行精确的相位对齐	FDD
功能支持	由于 UL 和 DL 传输频段不同且预定义，因此多天线方案、波束成形和波束对准等功能对于 FDD 效率不高	多输入多输出（MIMO）、波束成形、波束对准等更容易在 TDD 中实现	TDD

10.2.2　FDD 和 TDD 系统中同步的影响

无论采用哪一代技术或移动协议，所有基站都必须在无线空口支持 50×10^{-9} 的频率精度。为满足这一要求，标准规定在基站需要实现至少 16×10^{-9} 的频率精度。这是通过提供可追溯到主参考时钟（PRC）或主参考源（PRS）16×10^{-9} 这个精度的频率信号来实现的。

　　为了理解频率精度的需求，请考虑小区基站之间的切换过程示例。在基于 FDD 的系统中，手机或用户设备（UE）从基站（BS）获取两个频率信道：一个用于发送，另一个用于接收。如果基站有精确的频率源，其设备可以准确地调谐到分发的预期频率上，而且用户设备可以锁定在这些频率上。

　　当用户设备从当前基站移动到相邻基站时，如图 10-4 所示，它需要从相邻基站获取两个新的频率信道才能无缝继续通话。用户设备中的无线信号切换到新频率信道并尝试继续通话。如果相邻基站之间的频率偏移太大（超过 50×10^{-9}），则用户设备中的无线信号将无法锁定新基站正在使用的频率，呼叫将被中断。

　　这被称为频率误差——基站使用的实际频率与基站应该使用的频率之间的差异。所有基站的频率误差需要保持在限制范围之内，以提供更好的用户体验，例如成功地处理切换和小区吞吐量等。使用一个公共源来生成频率和数据时钟以确保所有连接的基站都处于频率同步误差的限制范围内。

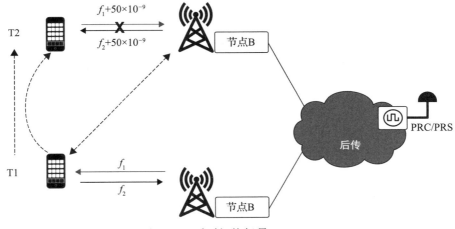

图 10-4　呼叫切换场景——FDD

　　此外，发射机的载波输出频率也必须准确，以保证不会出现导致相邻基站之间干扰的信号重叠。重叠信号之间的干扰和串扰会损害语音质量并降低用户体验。

　　在基于 TDD 的系统中，用户设备和基站不仅必须频率同步，而且还必须相位同步。在 TDD 中，为了容许全双工操作，上行链路和下行链路共享相同的频率信道，但使用不同的时隙。准确的相位同步和时间同步对于用户设备和基站之间的无差错通信至关重要，因为这两个无线设备交替发送和接收。如果任一端失去同步，它们的发送时隙就会重叠，两端的通信就会相互干扰。

如图 10-5 所示，对于减少从一个基站切换到相邻基站时的服务中断，准确的相位同步和时间同步也很关键。此外，如果相邻基站不同步并且在同一信道上使用不同的上下行时隙，则在小区之间的重叠边缘处会发生干扰。

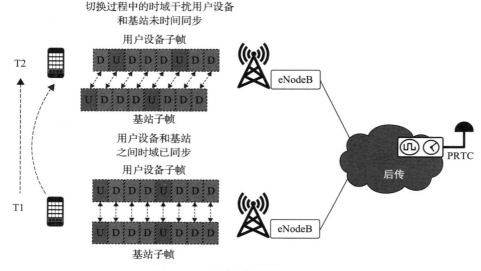

图 10-5　呼叫切换场景——TDD

前面提到，TDD 使用保护时间来防止发送和接收之间的重叠。保护时间应该足够长，以使来自用户设备的信号在基站关闭其接收机并切换到发送模式之前到达基站。因此，保护时间取决于以下两个主要因素：

- 传播延迟：这与用户设备和基站之间的距离成正比。基站通知用户设备何时开始上行传输。因为接收方必须等待该时隙中的所有数据到达后才能开始发送回复，用户设备和基站之间的距离越大，发射机在接收到其发送信号的回复之前等待的时间越长。
- 切换时间：在发送模式和接收模式之间切换所需的时间。

网络运营商根据小区大小配置保护时间。

每个相邻的基站必须与其所有相邻基站保持严格的相位同步和时间同步（例

如，允许任何用户设备在它们之间平滑切换）。出于这个原因，标准组织认为，TDD 正常工作要求基站之间实现 3μs 内的相位对齐。

通过将所有基站同步到一个共同的相位和时间参考可满足这一要求，因此运营商确保每个基站与共同商定的时间参考对齐在 ±1.5μs 以内。这个通用时间标准通常是协调世界时（UTC），因此如果每个基站都在 UTC 的 ±1.5μs 以内，那么每个基站都将在其所有相邻基站的 3μs 范围内。这种与世界时的相位/时间对齐由回传网络或通过全球导航卫星系统（GNSS）接收机接收的无线定时信号传输。

进而，基站使用无线信号连续对齐用户设备上的相位/时间。如果 UE 无法将其时间与基站对齐，则它需要重新连接到基站并重新获得同步。10.3 节将更详细地解释这些同步要求。

针对 ITU-T G.823/G.824 建议的传输协议（例如 E1/T1 或 SDH/SONET）规定，回传网络提供 16×10^{-9} 频率精度，以满足整个无线接口 50×10^{-9} 的预算。因此，在基于 2G 或 3G FDD 的网络中，T1/E1 链路被广泛用于为基站提供频率精度。表 10-2 总结了基于 FDD 和 TDD 的 2G/3G 网络的同步要求。

表 10-2　2G 和 3G 网络的同步要求

应用	频率精度（网络）	频率精度（空口）	相位精度	文献
GSM	16×10^{-9}	50×10^{-9}	—	3GPP TS25.411 3GPP TS25.431
CDMA,CDMA2000	16×10^{-9}	50×10^{-9}	±3μs ±10μs（保持时间少于 8 小时）	3GPP2 C.S0010-B 3GPP2 C.S0010-C
UMTS-FDD	16×10^{-9}	50×10^{-9}	N.A.	3GPP TS25.104
UMTS-TDD	16×10^{-9}	50×10^{-9}	±2.5μs	3GPP TS25.105 3GPP TS25.402
TD-SCDMA	16×10^{-9}	50×10^{-9}	3μs	3GPP TS25.123

10.3　LTE 和 LTE-A 的定时要求

《5G 移动网络的同步（上册）》第 4 章概述了 3GPP 在几代移动技术演进中的作用。从早期的 2G GSM 到今天的 5G，再到未来的版本，技术规范仍在不断发展，以满足对服务、性能和功能的新需求。

3GPP 文档以版本形式构建，每个版本都会增加一组新功能。第一组 3GPP 版本称为第一阶段和第二阶段。然而，后来的版本根据预期发布的年份进行命名。例如，Release96 计划于 1996 年批准，并于 1997 年第一季度发布。在 UMTS/WCDMA 标准的 Release99 之后，3GPP 恢复使用特定版本号。例如，定义 UMTS 全 IP 核心标准的 Release2000 被重新编号为 Release4。

LTE 最初是在 3GPP 第 8 版中引入的；然而，这项工作继续为第 8 版之后的 LTE 规范添加了许多用例和增强功能。3GPP 第 10 版，也称为 LTE-Advanced（LTE-A），指定了 LTE 的更高级功能。在 3GPP 第 13 版中，LTE 获得了新的营销名称 LTE-Advanced Pro（LTE-A Pro）。图 10-6 提供了 LTE、LTE-A 和 LTE-A Pro 添加的一些主要用例的快速视图。

本节重点介绍其中一些技术和用例，以解释 LTE 和 LTE-A 时间同步要求的变化。然而，涵盖这些技术及其实现的每个用例和细节都超出了本书的范围。

3G 和 4G LTE 之间的主要区别之一是采用正交频分复用（OFDM）作为 LTE 的调制技术。如图 10-7 所示，OFDM 将每个信道划分为多个较窄的子载波。子载波的间隔选择使其彼此正交，这样意味着消除了串扰并且不需要载波间保护带。

对于下行链路，LTE 部署了正交频分多址（OFDMA），它是 OFDM 的一种多用户变体。如图 10-8 所示，子载波的子集被分发给不同的用户，以便多个用户可以同时传输数据。

对于上行链路，改进后的 OFDMA 已被用作单载波频分多址（SC-FDMA）的一部分。SC-FDMA 的主要目标是使用比 OFDMA 技术更低的峰值平均功率比（PAPR）。PAPR 是与平均功率水平相比瞬时功率最高的功率水平。拥有大的 PAPR 需要一个可以在宽功率范围内工作的线性发射放大电路，这种电路成本高、效率低，并且不适用于手机或任何形式的以电池供电的用户设备。

便携式用户设备在运行时需要几乎恒定的功率电平，因此 SC-FDMA 使用单载波传输模式来顺序传输符号，如图 10-9 所示。现在，单个传输时间更短，但频域更宽，数据速率更高，PAPR 更低。

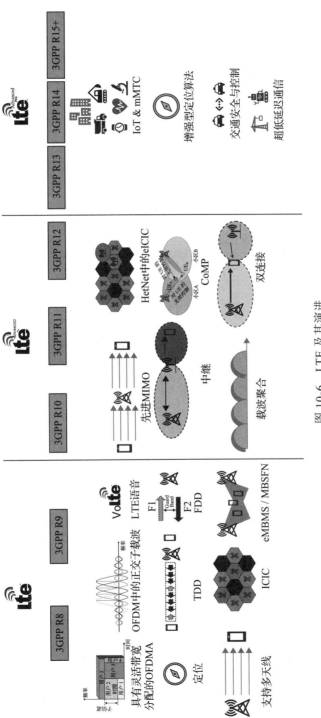

图 10-6　LTE 及其演进

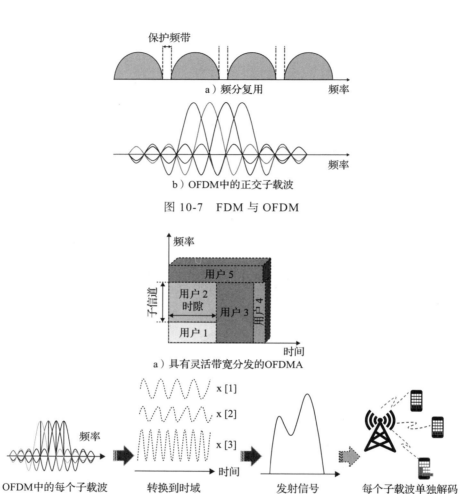

a）频分复用

b）OFDM中的正交子载波

图 10-7 FDM 与 OFDM

a）具有灵活带宽分发的OFDMA

b）基于OFDMA的下行传输

图 10-8 OFDMA 作为下行链路的多用户接入方案

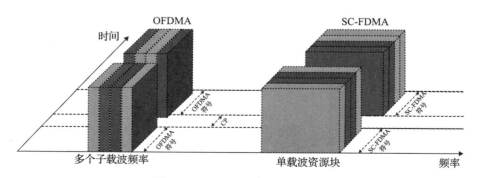

图 10-9 OFDMA 与 SC-FDMA

10.3.1 OFDM 同步

频率精度和相位 / 时间对齐对于确保任何基于 OFDM 系统的充分性能都至关重要。OFDM 和 OFDMA 技术对载波信号的频率偏离和定时偏差极为敏感。频率偏移的不准确补偿会破坏子载波之间的正交性，因此会产生载波间干扰（ICI），因为正是正交性使子载波保持分离。

要了解同步要求是如何产生的，有必要了解如何在 LTE 帧结构中维护时域，以及上行链路和下行链路传输的双工模式。

OFDM 帧结构

在 OFDM 传输中，数百个子载波通过相同的无线链路传输到同一个接收机。OFDM 子载波频域结构的任何破坏都会导致子载波间正交性的损失，并导致子载波（ICI）之间的干扰。

OFDM 系统也可能受到所谓的时间色散信道传播的影响，这仅仅意味着任何经过多径传播的信号都会出现时间上的扩散。当受到多径影响时，一些信号的传播路径会比其他信号更长，因此从发射机到接收机的传播时间更长。这意味着接收机会在不同的时刻接收到相同的信息。这些在不同时间到达的信号显然会相互干扰，这就是所谓的符号间干扰（ISI）。

为了保持 OFDM 信号的特性和完整性，并防止由时间色散信道传播导致的 ISI 和 ICI，为每个 OFDM 符号分发了一个称为循环前缀（CP）的保护间隔。为了更好地理解 CP，请见图 10-10 所示的多径场景。

接收到的数据的第一个副本与同一信号数据的最后一个副本之间的总延迟称为延迟扩展。如果承载有用数据的 OFDM 符号的长度小于延迟扩展，则符号之间存在干扰。但如果增加 OFDM 符号大小，则可以减少干扰。实现这一点的一种技术是复制符号的初始部分（前缀）和符号的结尾。在此，CP 长度需要大于系统预期运行环境中的延迟扩展。

在 LTE 中，基站（在 LTE 术语中称为演进节点 B [eNB]）和用户设备的同步是在物理层实现的。如图 10-11 所示，LTE 无线帧的长度为 10ms，每个帧被分成 10 个大小相等的 1ms 子帧。每个子帧由两个相同大小的时隙组成，每个时隙为 0.5ms。使用 15kHz 的子载波间隔，传输数据的有用 LTE 符号时间为 66.7μs。然而总符号时间是有用符号时间加上 CP。因此，每个时隙可以具有 4.7μs 标准 CP 和 7 个有用符号或 16.67μs 扩展 CP 和 6 个有用符号。

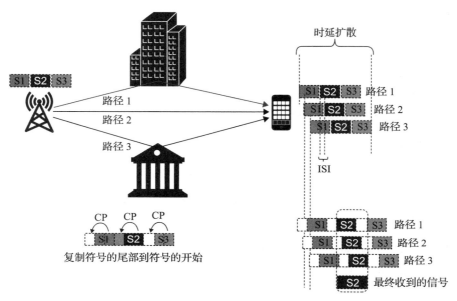

图 10-10　使用循环前缀避免 ISI 和 ICI

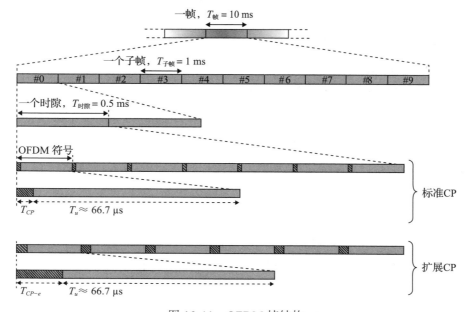

图 10-11　OFDM 帧结构

CP 的不同长度用于处理不同的用例。例如，标准 CP 用于城市地区的小直径小区，其中多径发生在相对较短的距离上，但具有较高的数据速率。扩展 CP 用于农村地区的大直径小区，这些地区具有较大的扩展延迟，但扩展 CP 的数据速率较低。

使用 CP 技术使得 OFDM 符号不受时间色散的影响，并减轻了 ISI 或 ICI 问题。然而，合适的 CP 设计的选择对小区中的定时误差很敏感，同步不准确可能会将部分符号数据移出 CP 覆盖区域并导致信号劣化。

LTE TDD 帧结构

在 TDD 的情况下，上行（UL）和下行（DL）在同一载波频率上，但在不同的时域内发生。在每个 LTE 帧中，一些子帧分发给上行链路，一些子帧分发给下行链路。下行链路和上行链路之间的切换是使用特殊子帧进行的。3GPP 定义了不同的配置，其中一个选项如图 10-12 所示。

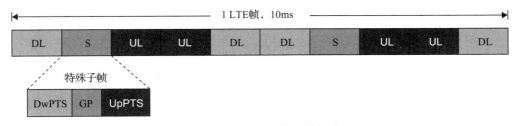

图 10-12　TDD 子帧的帧结构

特殊子帧分为三部分：

- 下行导频时隙（DwPTS）
- 保护间隔（GP）
- 上行导频时隙（UpPTS）

DwPTS 是子帧的一部分，体积较小，用于携带下行传输数据，而 UpPTS 非常小，不携带任何传输数据。GP 是既不进行上行链路传输也不进行下行链路传输的时间段，该时间段允许无线在下行链路和上行链路之间切换。

GP 的长度取决于许多因素。首先，GP 应该足够大，以便 eNB 和无线设备有足够的时间从下行链路切换到上行链路。其次，GP 必须足够长，以保证上下行传输互不干扰。

为了最小化干扰，在 eNB 集群内，相同的子帧配置应用于所有 eNB。这样的配置确保所有这些 eNB 同时发送或接收。然而，这种同时操作意味着这些 eNB 必须准确同步，以避免 UL 传输干扰相邻 eNB 的 DL 传输。3GPP（TS 36.133）规定，相邻的 eNB 必须在 3μs 内进行相位对齐，以实现平滑切换并避免 eNB 之间的任何干扰。

小区搜索和同步

小区搜索是设备最初连接到 LTE 系统时获取时间和同步信息（由每个无线帧传输）的方法。当设备或用户设备连接到系统时，它使用同步信号与 OFDM 符号、时隙、子帧、半帧和无线帧进行同步。

每个 eNB 都由一个称为小区 ID 的唯一标识符进行区分，该标识符并不是真正唯一的，如果它们相距足够远，可以在多个 eNB 上重复使用。为此定义了两个同步信号：

- 主同步信号（PSS）
- 辅助同步信号（SSS）

这两个信号结合使用可以降低小区搜索过程的复杂性。

用户设备首先解码 PSS 和 SSS 以确定最近 eNB 的小区 ID。用户设备还获取有关载波频率、帧定时、CP 长度和双工模式的信息。用户设备随后可以请求用于上行链路传输的资源并与新 eNB 建立上行链路同步。因为 PSS 和 SSS 信号是周期性传输的，所以用户设备可以持续使用它们。

用户设备到基站的同步（TDD）

在前面部分中，介绍了影响 GP 长度的因素之一是用户设备和 eNB 之间的传播延迟。一旦连接到 UE，eNB 就会不断估计传播延迟，称为时间提前偏移量 T_A。需要为每个连接的设备计算偏移量以协调其传输。TDD 中使用了一个特殊的子帧，根据接收到的 T_A 偏移量来调整 GP，以保证上下行平滑切换。

由于用户设备从 eNB 接收 T_A 值（对于 LTE，T_A 在 0 ～ 1282 范围内），因此每个设备在开始数据传输之前获取同步信息很重要。T_A 值（0.5208μs）每增加一个增量，用户设备和 eNB 之间的往返距离就会增加大约 156m（300 000km/s 速度下的

0.5208μs 对应 156m）。

对于 4G LTE，允许的小区半径可达 100 km，T_A 的取值范围为 0 ～ 1282。

基站到基站的同步（TDD）

相邻 eNB 之间的时间同步对于避免小区干扰很重要。当用户设备从一个 eNB 移动到另一个 eNB 时，子帧时序边界之间的相对定时差值变得很重要。它与 CP 持续时间和小区间传播延迟有关。对于较小的小区，这个差值大约是 3μs。

因此，在从小小区到全尺寸宏小区的 TDD 部署场景中，标准规定了 3μs 内的强制相位对齐作为同步要求。该相位同步精度定义应用于 eNB 天线连接器。

对于小基站或家庭 eNB（HeNB），有一种技术可以从相邻同步 eNB 发送的信号中获取其定时。这称为使用网络监听进行同步，如图 10-13 所示。在那些从其他来源获取相位 / 时间信号可能很困难的环境中，这种技术具有优势（例如家庭中的 GNSS 信号）。

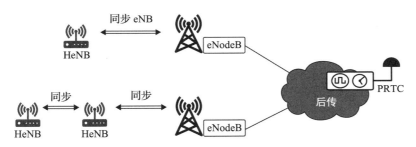

图 10-13　使用网络监听进行同步

$T_{传播}$是小区和作为网络监听同步源的 eNB 之间的传播延迟。如果小区或 HeNB 在不使用网络监听的情况下获得同步，则适用小区的同步要求。

如果一个小区的覆盖区域与另一个不同半径的小区重叠，则这两个小区中较大小区的相位同步精度适用于重叠的小区。

10.3.2　多天线传输

随着 OFDM 或 OFDMA 的采用，引入的一项基本技术就是支持不同的多天线传输技术。传播不良会降低无线通信的性能——诸如信号波动、干扰、色散、衰落、路径损耗等。多天线系统则用于提高接收信号的效率和质量。

无线传输中数据流从单个发射天线传输到单个接收天线（称为单进单出）。在接收机恢复数据之前，由于信号传播中的不良条件导致的任何异常情况，都可能致使该数据流丢失或损坏。然而，如果同一数据流可以通过不同的路径传输到多个接收天线，那么接收机就有更多的机会正确地恢复信号。

在单个频率上引入额外路径以提高整个系统的可靠性称为空间分集或天线分集。对于具有 NT 个发射机和 NR 个接收机的系统，最大分集路径数为 NT × NR——尽管性能提升会随着路径数量的增加而减弱。可以在接收端（单输入、多输出）、发送端（多输入、单输出）或两端（多输入多输出——通常称为 MIMO）引入分集。

采用这种技术，将给定的数据流分成多个并行子流并在不同的天线上传输每个子流时，此技术被称为空间复用。利用此技术，将高速信号分成多个低速信号流，每个信号流在同一频率信道上由不同发射天线传输（见图 10-14）。如果接收到具有足够多不同空间签名的数据流，则接收机可以分离这些流。请注意，使用 MIMO 会增加干扰信号的数量。

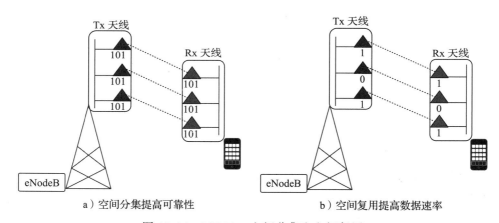

a）空间分集提高可靠性　　　　　　b）空间复用提高数据速率

图 10-14　MIMO：空间分集和空间复用

在 MIMO 系统中，有必要发现每对发射和接收天线组合之间的每条无线路径的信号特性。这需要在每个天线处进行准确的相位 / 时间对齐，以识别所需的路径空间对齐。3GPP 36.104 和 3GPP 38.104 定义了 LTE 和 5G 中传输分集所需的时间对齐误差（TAE）预算，如表 10-3 所示。

表 10-3 传输分集或 MIMO 的时间同步要求

E-UTRA（LTE）	时间对齐误差
在每个载波频率上的 LTE MIMO 或发射（Tx）分集传输	最大 65ns

虽然这是一个非常低的相位对齐值，但并不是一个严重的问题，因为它是一种相对对齐——仅适用于连接到单个无线的天线阵列成员之间。第 11 章提供了有关相对时间误差和基于集群的定时的更多讨论。

10.3.3 小区间干扰协调

在网络层面，当相邻小区中的用户设备试图同时使用同一资源时，就会产生干扰。例如，如图 10-15 所示，在小区边缘，两个用户设备（UE_A 和 UE_B）可能会因为以下原因而受到干扰：1）两者都使用相同的频率（f_2）和高传输功率进行通信；2）它们对相邻的用户设备没有任何了解；3）eNB 独立调度自己的无线资源。

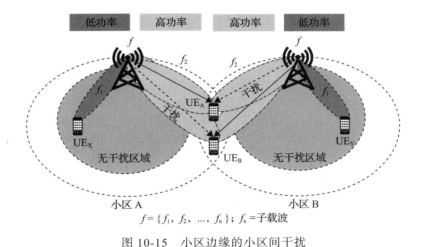

图 10-15 小区边缘的小区间干扰

为了缓解这些问题，4G LTE 和 LTE-A 采用了几种称为小区间干扰协调（ICIC）和增强小区间干扰协调（eICIC）的技术。

ICIC 在 3GPP 第 8 版中定义，通过在小区边缘使用不同的频率资源来减少小区间干扰。支持此功能的 eNB 可以为每个使用的频率生成干扰信息，并通过 3GPP 定义的 X2（小区间信令）接口与相邻 eNB 交换该信息（频率、发射功率等）。

如图 10-16 所示，如果小区 A 边缘的用户设备（UE_A 和 UE_B）使用相同的频率 f_2，则其中一个小区，例如小区 B，将切换到不同的频率 f_3 上以便在小区边缘与 UE_B 通信，同时在小区中心继续使用低传输功率的 f_1 或 f_2 来避免干扰。

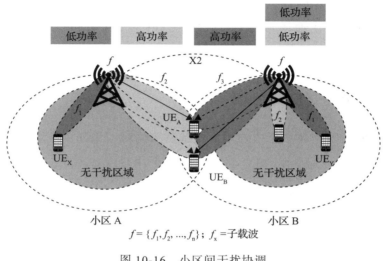

$$f = \{f_1, f_2, ..., f_n\};\ f_x = 子载波$$

图 10-16　小区间干扰协调

10.3.4　增强的小区间干扰协调

传统上，小区基站大多是同质的，这意味着每个小区基站都与其他基站（通常是大型"宏"小区）大致相同。因此，同构网络是所有小区基站都具有相同类型和功能的网络。随着最近的发展，异构网络（有时称为 HetNet）成为了一种趋势，它混合了低功率的小小区和大型宏小区。

ICIC 技术用于管理每个 eNB 的资源需求，例如频率（带宽）和功率，以及 eNB 之间的交互。它通过使用数据信道为用户设备分发频率资源来实现这一点，而其他资源分发（例如，功率）则通过控制信道进行管理。

与可以使用不同频率范围的数据信道不同，控制信道使用整个载波带宽。在同构网络中，这不是一个大问题，因为来自相邻 eNB 的发射功率值差异不大，因此控制信道不会造成显著的信道间干扰。

在异构部署中，用户设备从多个小区接收相同频率的信号，并从功率最高的小区中选择信号。然而，选择以最高功率传输的小区意味着用户设备可能经常选择宏小区而不是小小区。

但是与附近的小小区相比，宏小区信号对关联的用户设备有更高的传播延迟和路径损耗。从上行链路覆盖和容量的角度来看，这对于网络显然不是最优的（如果每个用户设备都选择宏小区，那么小小区的存在是没有意义的）。

此外，由于在异构网络中，低功率小小区与宏小区一起部署在重叠的控制信道中，ICIC 技术只能部分有效，因为它不能减轻小小区和宏小区之间的控制信道干扰。

eICIC 在 3GPP 第 10 版中定义，是支持异构环境 ICIC 的高级版本。ICIC 使用不同的频率范围来控制对数据信道的干扰，而 eICIC 指示小区边缘的用户设备使用不同的时间范围来避免对控制信道的干扰。它通过引入几乎空白子帧（Almost Blank Subframe，ABS）的概念来实现这一点，这允许小区边缘的用户设备使用相同的无线资源，但在不同的时间范围内。

如图 10-17 所示，eICIC 对重叠小区使用交替时隙，为使其发挥作用，宏 eNB 和小基站之间必须有准确的相位 / 时间同步。

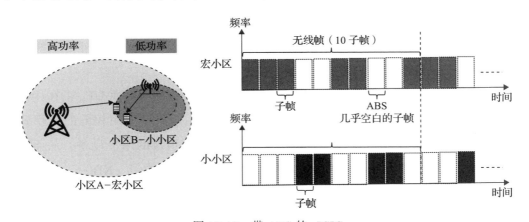

图 10-17　带 ABS 的 eICIC

总而言之，ICIC 使用频域划分来处理干扰，而 eICIC 则使用时域划分来提供其解决方案。尽管 ICIC 需要准确的频率同步，但针对异构网络的 eICIC 需要严格准确的相位对齐。

要使 eICIC 正常工作，必须定义处于相同频率且有重叠覆盖区域的任何一对

eNB 之间的最大绝对时间对齐误差，如表 10-4 所示。

表 10-4　ICIC 和 eICIC 的同步要求

应用	协调类型	相位精度	参考
ICIC	小区间干扰协调	—	—
eICIC	增强的小区间干扰协调	$3\mu s$	3GPP TS 36.133

10.3.5　协调多点

虽然 eICIC 降低了小区边缘用户设备的干扰水平，但用户设备的吞吐量仍然受限于来自单个 eNB 或基站的频率划分和时间划分的可用资源。但是，如果用户设备能够同时与多个 eNB 一起操作，会有什么优势呢？

协调多点（CoMP）发送和接收是 3GPP 第 11 版中定义的一种技术，让多个 eNB 能够协调其发送和接收，以提高小区边缘用户设备的服务质量。CoMP 提高了覆盖时间、小区边缘吞吐量和系统效率。3GPP 定义了几种类型的 CoMP，如图 10-18 所示。

协调调度（CS）和协调波束成形（CBF）是 ICIC 的增强版本，其中频率资源划分是动态进行的，并且每次执行调度时都会发生改变。协调调度为小区边缘的用户设备分发不同频率资源。

如图 10-18 左侧所示，UE_A 正在接收来自 eNB_A 的频率 f_2，而 UE_B 正在接收来自 eNBB 的频率 f_3。通过协调波束成形，eNB_A 和 eNB_B 可以使用相同的频率资源 f_2，如图中所示，并协调和调度空间分离的资源到小区边缘的用户设备，从而避免干扰。eNB_A 可以作为 UE_A 的主 eNB，eNB_B 可以作为 UE_B 的主 eNB。

一起工作并相互协作的各个 eNB 构成了所谓的协调集。而这些调度和波束成形决策是通过 X2 接口在 eNB 之间共享的信道状态信息（CSI）数据进行通信的。这些动态协调技术要求协调集中的 eNB 之间的 X2 连接具有非常低的延迟。

联合处理（JP）与 CS 非常相似。然而，在联合处理中，用户数据可供多个 eNB 使用，并且调度决策决定了哪个 eNB 应该处理向用户设备的传输。通过联合传输（JT），多个 eNB 可以同时使用相同的频率向边缘用户设备发送数据。该技术不仅可以减少干扰，还可以提高用户设备的接收功率，从而提高信号质量和数据吞吐量。

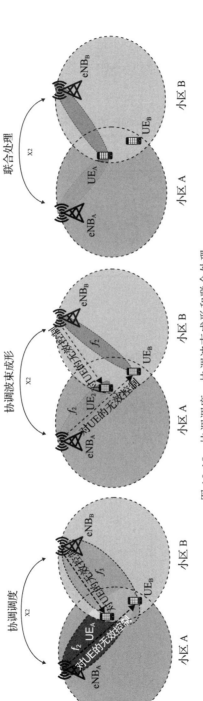

图 10-18　协调调度、协调波束成形和联合处理

因为协调集中的所有 eNB 和 / 或小小区同时向用户设备发送和接收无线电波，所以准确的相位 / 时间同步对于任何 CoMP 场景的工作都是必须的。表 10-5 总结了这些要求。

表 10-5 CoMP 的时间同步要求

应用	协调类型	相位精度	参考
中等 CoMP	UL 协调调度	≤ 3μs	3GPP TS 36.104 3GPP TS 36.133
	DL 协调调度		
严格 CoMP	DL 协调波束成形	≤ 3μs	3GPP TS 36.104 3GPP TS 36.133
	DL 非相干联合传输		
	UL 联合处理		
	UL 选择组合		
	UL 联合接收		

10.3.6 载波聚合

载波聚合（CA）通过聚合两个或多个载波，在聚合频谱中传输数据，从而增加整体信道带宽。CA 是在 3GPP 第 10 版中引入的，允许聚合最多 5 个 20 MHz 的载波——考虑到总带宽最大为 100 MHz。在 3GPP 第 13 版中，扩展到支持多达 32 个载波，从而使总带宽上升到 640MHz。

请注意，聚合的分量载波在频域中不需要是连续的（即每个载波可以来自可用频谱中的不同频段）。这意味着，如图 10-19 所示，可以有不同的带间和带内 CA 组合，即

- 带内 CA
- 使用连续的载波分量（彼此相邻的频率）
- 使用不连续的载波分量（不相邻的频率）
- 使用非连续载波分量的带间 CA

当一对 eNB 支持 CA 时，只要很小的时间间隔就可以完成所有参与发送数据帧的载波分量的调度。这意味着，这些 eNB 之间需要具有紧密耦合的低延迟连接，来调度和控制它们的贡献。此外，它们需要在时间 / 相位上非常严格地对齐，因为二者要合作以同时向用户设备发送相关数据。

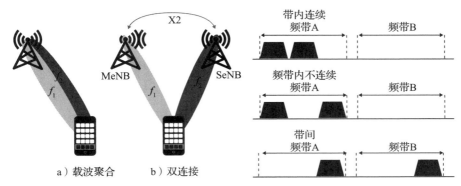

图 10-19　不同类型的载波聚合

鉴于这些要求，完全可以假设参与的天线要么位于同一位置，要么通过直接链路连接到它们的 eNB。具体来说，对于带内连续 CA，同步要求非常严格，因而可以假设 CA 方案中的所有天线都安装在同一位置。表 10-6 概述了载波聚合同步要求。

表 10-6　传输分集和 MIMO 的时间同步要求

应用	时间对齐误差	参考
带或不带 MIMO 或 Tx 分集的 LTE 带内非连续 CA	260ns	
带或不带 MIMO 或 Tx 分集的 LTE 带间 CA	260ns	
带或不带 MIMO 或 Tx 分集的 LTE 带内连续 CA	130ns	TS36.104
在每个载频上的 LTE MIMO 或 Tx 分集	65ns	
带内非连续和带间 CA 的最大传输时间差	30.26μs	

10.3.7　双连接

3GPP 第 12 版引入了双连接（DC）的概念，它允许使用两个 eNB 与用户设备通信。CA 则允许用户设备从单个 eNB 同时发送和接收多个载波数据，而 DC 将其进行了扩展，允许用户设备从两个小区组或 eNB 同时发送和接收数据。包括一个主 eNB（MeNB）和一个辅助 eNB（SeNB），如图 10-19 所示。MeNB 和 SeNB 使用 X2 接口协调它们之间的调度。这种技术在异构网络中引入小小区时被广泛应用，以提高整体性能。

然而，在使用 DC 时，每个 eNB 处理自己的调度，并与用户设备保持自己的时间关系。因此，与 CA 用例相比，X2 接口的延迟和同步要求有所放宽。然而，根据操作的类型，仍然需要在两个 eNB 之间进行协调。

双连接操作可以是同步的，也可以是异步的。在同步操作模式下，MeNB 和 SeNB 传输的数据之间的最大绝对定时误差至关重要。对于给定的用户设备，两个 eNB 必须在彼此之间的有限窗口偏移内对齐数据传输。不能出现一个 eNB 正在发送当前数据，而另一个 eNB 在几秒钟后发送相关数据的情况。在异步模式下，两个流之间几乎没有关系，因此没有严格的限制将两个单独的传输绑定在一起。在技术术语中，将其定义如下：

- 在同步操作中，MeNB 和 SeNB 的最大接收时间差（MRTD）和最大发送时间差（MTTD）应该在一定的阈值内。这两个指标测量 eNB（主要和辅助）之间发送和接收的相对差异。
- 在异步操作中，用户设备可以在没有特定 MRTD 或 MTTD 的情况下执行操作。

MRTD 和 MTTD 的同步要求考虑了来自 MeNB 和 SeNB 天线端口无线信号的相对传播延迟、传输时间差和多径延迟传播，并且要求相位精度如表 10-7 中所述。

表 10-7　LTE 双连接时间同步要求

应用	MRTD/MTTD 误差	参考
LTE 同步双连接	33μs/32.47μs	3GPP TS 36.133
LTE 异步双连接	NA	

10.3.8　多媒体广播多播服务

4G LTE 中需要 eNB 之间精确相位 / 时间同步的另一个用例是多媒体广播多播服务（MBMS）。MBMS 将相同的内容传输给位于预定义 MBMS 服务区域内的多个用户，让所有订阅 MBMS 的用户同时接收相同的多媒体内容。

MBMS 服务经常用于通过 LTE 网络提供（类似电视的）广播多媒体服务，例如在体育馆等场所。

使用 OFDM 调制，多个小区可以将真正相同且相互时间对齐的信号传输到 MBMS 服务区域。在这种情况下（如图 10-20 所示），从多个小区接收到的传输信号在订阅的用户设备设备中呈现为单个多径传输信号。这种传输称为 MBMS 单频网络（MBSFN）。一个 MBSFN 区域不仅可以由多个小区组成，一个小区也可以是多个 MBSFN 区域的一部分。

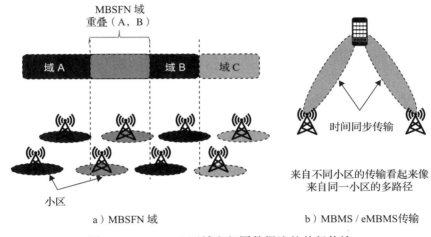

图 10-20　MBMS 区域和相同数据流的并行传输

还有一个演进 MBMS（eMBMS）规范，采用基于 LTE 的 MBMS，也称为 LTE 广播。MBMS 和 eMBMS 之间的主要区别之一是 eMBMS 允许动态网络资源分发。例如，运营商可以选择将其网络容量专门用于特定 MBSFN 区域来广播特定事件，一旦事件结束，可以将这些资源重新分发给常规流量。

对基于 MBSFN 的 MBMS，定时对齐必须精确到几微秒，以确保来自多个小区的信号呈现为来自单个小区的信号。因此，所有传输都需要在 eNB 或基站级别进行严格同步；表 10-8 列出了该精度要求。

表 10-8　MBSFN 时间同步要求

LTE MBSFN	时间对齐误差	参考
基站天线连接器处的小区相位同步精度	5μs	TS 36.133

10.3.9　定位

定位是指 RAN 中能确定用户设备位置的功能。大多数用户设备现在都具有嵌入式 GNSS 接收机，以提供追溯和定位数据并启用基于位置的服务。但是，在某些情况下，GNSS 服务不可用（室内）或用户设备本身没有 GNSS 接收机（例如小型 IOT 传感器）。

因此，在 3GPP 第 9 版中，LTE 定位协议（LPP）将定位支持引入 RAN 中。该技术可以通过从多个小区基站定期发送的特殊参考信号进行测量来确定用户设备的位置。

相应的实现技术称为观测到达时间差（OTDOA）。用户设备测量从至少三个 eNB 发送的特殊参考信号的到达时间之间的差值，并将这些时间差报告给网络中的特定设备。

移动核心网络中处理定位的关键实体是演进服务移动定位中心（E-SMLC）。E-SMLC 负责提供辅助数据并计算位置。E-SMLC 允许 LPP 向用户设备请求到达时间数据，并提供参考信息以使用户设备接收信号。E-SMLC 使用用户设备测量值，并结合 eNB 位置数据来计算用户设备的位置。

参与 LPP 的 eNB 必须非常准确和可靠地进行时间同步，以提供精确的定位精度。在光速下，每纳秒的计时误差都会转化为大约 0.3m 的位置误差。因此，为了提供准确的定位位置，同步精度要求取决于所需的定位精度。

例如，要实现 40 ～ 60m 的定位精度，最少三个参与的 eNB 之间的最大相对相位 / 时间误差需要小于约 200ns。当然，用户设备周围 eNB 的几何形状和参与信号的数量也是可能影响精度的重要因素。定位精度或定位的同步要求比通信所需的要求更严格。

无论可实现的定位准确度有多高，要想确定准确的高度（例如知道用户设备在建筑物内的哪一层）都更加困难。尽管存在这些严格的要求，监管机构仍在提高对位置数据准确性的要求，主要是为了支持应急服务（这些标准在北美被称为 E911，在欧洲被称为 E112）。

当前的时间同步要求如表 10-9 所示，而更准确和严格的基于位置的服务尚未确定，有待进一步研究。

表 10-9　基于位置的服务的时间同步要求

LTE	时间对齐误差	参考
使用 OTDOA 的基于位置的服务 （40 ～ 60m 的定位精度，最少三个基站）	200ns（相对）	TR 37.857 ITU-T G.8271 2020-03

10.3.10 LTE 和 LTE-A 的同步要求

4G LTE 和 LTE-A 这两个通用名称主要涵盖了一系列技术、服务和功能，而不是任何单项技术。并非每个地方都要部署所有功能，实际部署中会有各种变化，每个场景都会有不同要求。

例如，可以部署小小区以提高系统吞吐量、增加小区密度并以更低的成本提供更大的用户带宽。通常，它们只会部署在某些位置，例如交通繁忙的市区。无论采用何种特性或技术，如果不提供支持这种技术所需的同步类型，就无法实现预期目标。

表 10-10 总结了几种应用和用例的同步需求，并指出了不满足这些需求的影响。

表 10-10　LTE 应用的同步需求

应用	合规性需求	不满足需求的影响
LTE-FDD	呼叫启动	通话干扰和掉线
	时隙对齐	丢包 / 冲突和频谱效率低下
LTE-A-MBSFN	多个 BTS 视频信号解码的正确时间对齐	视频广播中断
LTE-A MIMO/CoMP	协调来自 / 到达多个基站的信号	小区边缘信号质量差，基于位置的服务精度差
LTE-A-eICIC	干扰协调	频谱效率低下和服务质量下降

对于基本的 LTE 和 LTE-A 无线服务，频率同步的精度要求与早期无线服务要求相同，即在空中接口为 50×10^{-9}，在基站或 eNB 接口为 16×10^{-9}。除了频率要求外，由于运营商在无线中应用了特定技术和方法，一些其他服务还有相位要求。

表 10-11 总结了 LTE 的频率和相位要求。

表 10-11　LTE 无线业务时间同步要求汇总

应用	频率精度	相位精度	参考
LTE-FDD	± 50 pbb	—	—
LTE-TDD 广域 BS	± 50 pbb	对于小小区 3μs（小区半径 < 3km） 对于大小区 10μs（小区半径 > 3km）	3GPP TS 36.133
LTE-A/LTE-APro	± 50 pbb（广域） ± 100 pbb（局域） ± 250 pbb（家庭 eNB）	广域 对于小小区 3μs（小区半径 < 3km） 对于大小区 10μs（小区半径 > 3km） 家庭 eNB 对于小小区 3μs（小区半径 < 500 米） 对于大小区，± 1.33μs+ 空中传播延迟（小区半径 > 500m）	3GPP TS 36.133 3GPP TS 36.922

（续）

应用	频率精度	相位精度	参考
LTE MBSFN	± 50 pbb	5μs	3GPP TS 36.133
LTE-TDD 到 CDMA 1xRTT 和 HRPD 切换	± 50 pbb	10μs（定时偏差） ± 10μs（保持期间长达 8 小时）	3GPP TS 36.133

但是，对于前面章节中介绍的一些技术，存在特定的相位同步要求，其严格程度取决于所实施的具体技术。对于这些用例，eNB 接口的相位精度要求见表 10-12。

表 10-12   LTE-A 在 eNB 接口的相位同步要求汇总

先进 LTE	协调类型	相位精度	参考
eICIC	增强的小区间干扰协调	≤ 3μs	3GPP TS 36.133
中等 CoMP	UL 协调调度	≤ 3μs	3GPP TS 36.104 3GPP TS 36.133
	DL 协调调度		
严格 CoMP	DL 协调波束成形	≤ 3μs	3GPP TS 36.104 3GPP TS 36.133
	DL 非相干联合传输		
	UL 联合处理		
	UL 选择组合		
	UL 联合接收		
MIMO	每个载频的 Tx 分集传输	65ns	3GPP TS 36.104
定位精度	使用 OTDOA 进行 40 ~ 60m 的 LTE 定位，最少三个基站	200ns	3GPP TR 37.857 ITU-T G.8271 2020-03
载波聚合和 MIMO	带或不带 MIMO 或 Tx 分集的 LTE 带内非连续 CA	260ns	3GPP TS 36.104
	带或不带 MIMO 或 Tx 分集的 LTE 带间 CA	260ns	
	带或不带 MIMO 或 Tx 分集的 LTE 带内连续 CA	130ns	
	在每个载频上的 LTE MIMO 或 Tx 分集	65ns	
	带内非连续和带间 CA 的最大传输时间差	30.26μs	
LTE 双连接	同步双连接	3μs MRTD 32.47μs MTTD	3GPP TS 36.133
	异步双连接	—	

10.4   5G 架构演进

随着每一代移动网络的发展，技术也在不断进步和变化，最终导致不得不对架构进行更改。例如，3G/UMTS 是一个非常成功的实现，主要基于 WCDMA 技术，而 4G/LTE 则是通过采用 OFDMA 技术推动的。然而，5G 更多是由用例而非技术本身所驱动的，这需要改变对架构的思考。

主要用例可分为三大类：

- eMBB（增强型移动宽带）和固定无线接入（FWA）：eMBB 服务专注于移动用户的宽带互联网接入，通常归类为以人为中心的通信。在移动过程中拥有更高速和更可靠的连接一直是每一代移动技术的主要驱动力。

  对更大带宽和更强覆盖的需求正在增加，这导致了具有不同挑战的广泛用例的出现。这些情况包括从使用密集的热点到远程的广域覆盖，以及将两者作为一个组合系统使用——热点用于在高流量区域提供高数据速率和高容量，而广域覆盖解决方案可以提供无缝流动性。每一种需求都有不同的性能和容量要求。

  人流密集区域（体育场、办公室、商场等）的高速接入，无处不在的宽带连接（农村、郊区、高速公路等）以及高速交通（火车、飞机等）是 eMBB 服务的主要市场类别。

- mMTC（海量物联网通信）：这纯粹是一个以机器为中心的通信领域，大量的连接设备通过非常低的带宽连接进行通信。这些连接既不是时延敏感的，也不是时间敏感的。这些机器或传感器很可能是自主的，部署在人们难以到达的位置，并且需要具有很长的电池寿命。

  人们一直在构想和部署 mMTC 可以支持的应用，因此该技术有着无限的可能用途。包括智能计量、环境（空气和水质）监测、车队管理、气象站报告和预测、农业、智能城市（垃圾、交通和停车管理），以及能想象到的其他一切。任何支持从大量传感器收集测量值的场景都可以使用 mMTC 服务和技术。

- uRLLC（高可靠低延迟通信）：有时也称为关键机器类型通信（cMTC），这些以人和机器为中心的通信需要严格的低延迟、高可靠性和可用性。此类要求的用例适用于航空、医疗保健、工厂自动化、智能电网、石油和天然气、交通运输及其他行业。

LTE 及其演进技术已经非常成熟；然而，有许多新兴需求是 LTE 无法满足的。因此，3GPP 启动了一项新的无线接入技术的开发，称为新无线（NR）。5G NR 相当于用 4G 的 LTE 或 UMTS 来描述 3G 技术。

3GPP 第 15 版定义了 5G NR 标准的第一阶段，该标准重用了 LTE 的许多底层结构和特性，重点关注 4G LTE 和 5G 无线接入技术的紧密集成（见图 10-21）。然而，作为一种全新的无线技术，NR 不需要保持完全的向后兼容性，而是致力于一组不同的技术解决方案。

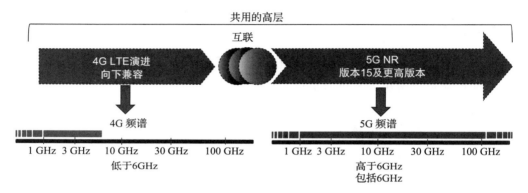

图 10-21　4G LTE 与 5G NR 的演进

5G 至少分为两个阶段，第 15 版中确定了第一阶段，第 16 版启动第二阶段。在 2018 年中期批准的第 15 版中，5G NR 定义了一组规范，可提供卓越的吞吐量、低延迟、极高的可靠性、设备密度、频谱灵活性、异构性和能源效率等特性，以支持现有和新的用例集。

第 15 版中，为 5G 定义了两个部署选项：

- 非独立（NSA）架构，其中 5G RAN 及其新无线（NR）接口与现有的 LTE 核心网络结合使用，因此无须更换网络即可使用 NR 技术。
- 独立（SA）架构，其中 NR 连接到 5G 核心网络，这将支持全套 5G 第一阶段（第 15 版）服务

作为第二阶段、第 16 版和第 17 版的一部分，将涵盖新的功能扩展，以解决跨 eMBB、mMTC 和 uRLLC 的前瞻性用例和部署场景。有关此论题的更多详细信息，请参见 10.4.3 节。

在撰写本书时，作为迈向全面 5G 部署的临时步骤，许多运营商以 NSA 模式部署 5G 和 NR 网络，以与其现有的 LTE/LTE-A 网络共存。此种配置仅支持 4G 服

务，但它无须大规模迁移即可提供 5G 新无线所具备的功能（例如更低的延迟）。

5G 是一个演进的架构，要了解 5G 的同步要求，有必要了解其架构的基础和围绕系统设计而定义的要求。接下来将讨论其中一些方面，之后将介绍 5G 同步要求的详细信息。

10.4.1　5G 频谱

获得正确类型的频谱是确保 5G 成功的最重要因素之一。较低的频段（例如，低于 1GHz）具有良好的覆盖范围，但承载数据的能力较低。同时，更高的频段（从 24 ～ 100GHz）提供了非常高的容量，但覆盖范围有限且对建筑的渗透性较差。这些极高的频带只有很小的毫米级波长，因此称为毫米波。

这两种情况之间存在一种折中方案，即使用中频段（1 ～ 6GHz 之间）提供覆盖和带宽的混合。为了支持多种不同的用例，5G 需要跨越低、中和高频段的一系列频谱，以提供所需的覆盖范围以及高吞吐量。

5G 的目标是使用新的频谱频段，包括 6GHz 以上和以下的频段。目前，为 5G NR 技术定义的频率有两个主要类别，即 FR1 和 FR2：

- 频率范围 1（FR1）：410 ～ 7125MHz
- 频率范围 2（FR2）：24 250 ～ 52 600MHz

这些频率范围的某些频段涵盖了整个频谱的许可频段和未许可频段，甚至还有轻度许可频段。轻度许可频段包括未充分利用的频谱部分，例如公民宽带无线服务（CBRS），这些轻度许可频段可以根据需要动态分发给网络运营商。在美国，3.5GHz CBRS 频谱拍卖在 2020 年中期结束，Verizon 和 Dish 在频谱上的支出最多。

较早的美国毫米波频段（37GHz、39GHz 和 47GHz）拍卖吸引了许多竞标者，其中 Verizon、AT&T 和 T-Mobile 占据了最大份额。在撰写本书时，刚刚宣布了所谓的 C 波段（3.7 ～ 3.98GHz）频谱拍卖，Verizon、AT&T 和 T-Mobile 花费了拍卖总额的约 96%。其他中频频谱的拍卖将紧随其后。

频谱许可是一个非常复杂且迅速发展的领域。最近美国市场的一些例子代表了这一过程的特点。无论市场如何，对于运营商而言，要满足其异构部署需要的覆盖范围和容量要求，关键是要确保结合使用各种频段，包括传统许可频段和其他频谱许可模式的组合。

10.4.2　5G 帧结构——可扩展的 OFDM 参数集

4G LTE 支持的载波带宽高达 20MHz，子载波之间有"固定"的 15kHz 间距，这些值对于 LTE 是定值。但是，为了支持各种频段和各种异构部署模型，5G 为子载波引入了灵活的间距，即可扩展的参数集或者多参数集。一个 OFDM 参数集是一组值，包括子载波数量、子载波间距、时隙持续时间和具体部署中的 CP 持续时间值。

前面关于 4G 的部分表明，CP 用于避免在 OFDM 无线部署中的 ISI 和 ICI。OFDM 通过在特定频率范围内可以承载的子载波数量来定义频谱效率；子载波越多，设备可以发送或接收的数据就越多。对于 6GHz 以下的频段，会使用较窄的子载波间隔（例如 15kHz）和较长的 OFDM 符号，这样可以使用更大的 CP。CP 越大，ISI 越小，信号对衰落的容忍度便越高。

然而，当使用毫米波等高频段时，载波频率对任何频率漂移和相位错位都变得越来越敏感。可以使用更宽的子载波间隔（例如 120kHz）来减少干扰和相位问题，但是这种更宽的子载波间隔会减少 CP 的可用空间。

因此，在 NR 中，子载波间隔不再是固定的，而是针对不同的频带调整为不同的值。有一个数字因子 μ，用于根据频带调整子载波间隔的大小（它使用 $2^\mu \times$ 15kHz）。如表 10-13 所示，随着 μ 的参数集或数值的增加，子帧中的时隙数会增加，这会导致给定时间内发送符号数的增加，从而产生更大的带宽。

表 10-13　5G 参数集结构和对应的最大带宽

μ	频率范围	子载波间隔（kHz）	循环前缀 / 保护间隔（μs）	OFDM 符号持续时间（μs）	带 CP 的 OFDM 符号（μs）	最大带宽（MHz）
0	FR-1	15	4.69	66.67	71.35	50
1		30	2.34	33.33	35.68	100
2		60	1.17 | 4.17	16.67	17.84	100
2	FR-2	60	1.17 | 4.17	16.67	17.84	200
3		120	0.59	8.33	8.91	400

CP 长度取决于路径延迟信息，基站和用户设备通过同步信号（使用 PSS 和 SSS 帧）确定此信息。因此，基于每个用户设备的路径传播延迟详细信息，5G NR 为每个传输流定义了一个 CP。

运营商可以选择在每个小区中同时使用不同的参数集，以支持不同的 5G 用例——服务可以利用不同的 OFDM 参数集在同一频率信道上进行复用。需要注意的是，在一个载波上混合不同的参数集可能会导致对另一个参数集子载波的干扰。同步可以通过协调帧定时来消除主要的干扰源。因此，与前几代相比，5G 帧结构和时隙持续时间对同步精度的要求更加严格。

10.4.3 5G 系统架构

在开展 NR 无线方面工作的同时，3GPP 正在研究整体的系统体系架构，包括 5G 核心网络（5GCN）和 5G RAN。这些组件具有以下功能：

- 5GCN 负责控制功能，如认证、访问、计费、端到端连接建立、移动性管理、策略控制以及移动网络控制平面中的许多类似功能。它还负责用户平面功能（UPF），尽管核心在用户和控制平面功能之间保持了明确的划分。
- 5G RAN 负责所有与无线相关的功能，包括调度、无线资源处理、传输、编码和多天线方案等。

接下来将详细介绍 5GCN 的基本特性。架构的详细内容超出了本书的范围，因为对于任何想要为 5G 移动设备部署定时解决方案的人来说，这都是不必要的信息。

5GCN

5G 系统体系架构的原则基于一个基本的愿景，即它必须与现有 LTE-A 网络共存并随时间演进。当运营商选择如何部署其无线网络时，他们会选择用于移动频段和容量频段的技术，这可能导致他们拥有不同的核心网络。5GCN 体系架构需要考虑到这一点。

5GCN 架构包含两个主要部署选项，如图 10-22 所示。

- 非独立（NSA）架构：该架构允许 5G RAN 的早期采用者可以利用现有的

LTE 无线和 4G EPC 网络。此选项仅支持 4G 服务，但可以利用 5G NR 的特性（例如，低延迟应用）。

简而言之，NSA 支持 4G 和 5G 接入网络之间的双连接，而且在改善 eMBB 服务方面，NSA 是最佳应用。NR 的部署可以为现有的 4G LTE 网络提供容量增强，而无须进行重大的网络投资。

- 独立（SA）架构：在此架构中，支持 NR 的设备连接到 5GCN。该架构支持完整的 5G 服务，因此可以认为是完全成熟的 5G NR 部署。

部分 3GPP TR 38.8xx 和 TS 38.xxx 系列建议概述了各种 NSA 和 SA 的部署选项。图 10-22 说明了几个可能的选项，并显示了 SA 和 NSA 情况下的控制和用户平面流量。在后来的更新中，3GPP 放弃了选项 6 和选项 8 规范，因为它认为这些 5G 选项是不可行的。

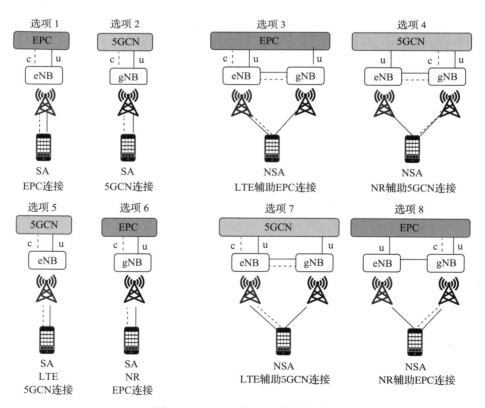

图 10-22　NSA 与 SA 部署选项

5GCN 以 4G EPC 为基础，具有三个新的增强领域：

- 基于服务的架构（SBA）：5GCN 建立的原则是，5G 系统将支持具有不同特性和性能的广泛服务。因此，该架构保持模块化、可定制和灵活性，以适应未来的需求和规模。

  例如，SBA 使用基于 API 的接口，这样可以动态发现服务、添加网络实体，以及添加网络服务，而不会对系统产生任何影响。5GCN 旨在使用网络功能虚拟化（NFV）和软件定义网络（SDN）等新技术，使其部署更加敏捷和灵活。

- 网络切片：5G 最关键的方面之一是在通用物理网络基础设施上支持多种服务类型。网络切片可以定义为一个逻辑虚拟网络实例，它使用公共网络基础结构满足已识别用户、服务或客户的定制化性能需求。资源可以为单个切片专用，也可以在不同切片之间共享，并且不会影响相关的数据流隔离、服务质量、带宽、延迟、抖动、独立计费和收费等要求。

- 控制和用户平面分离（CUPS）：3GPP 在第 14 版中定义了 CUPS，作为解决时间关键（低延迟）用例的基础技术。为了成功交付延迟敏感应用，有必要将应用功能置于更接近最终用户的位置，提供服务。

  CUPS 架构允许运营商灵活地将这些功能放置在任何需要的地方，以支持对时间敏感的应用，而不会影响核心网络的功能。控制平面功能仍然可以部署在集中位置，而用户平面功能（交付服务）可以放置在更接近最终用户的位置。在 5G 采用 SBA 的情况下，使用 CUPS 实现云原生分布式架构更加简单。

无线接入网演进

为了理解 5G 部署要求，需要从高层级理解 RAN 架构的演进，以及 5G RAN 架构如何从根本上设计为既可以采用 CUPS，又可以实现基站分散化和虚拟化。

提示：*在描述不同代的 3GPP 标准时，使用不同的术语集是没有意义的，但遗憾的是，RAN 的情况要糟糕得多。根据查阅的标准文档以及 RAN 架构所基于的标准组织，RAN 的每个组件可能有三个或四个不同的名称。为了减少因讨论主题而使用不同术语可能导致的混淆，本书倾向于使用 4G/5G 3GPP 和 O-RAN 术语，即使某些组织使用完全不同的术语。*

移动网络不断发展以支持更高的频段，因为这样可以支持更高的数据速率。然而，缺点是高频段的无线电波传播特性较差；信号很容易被吸收／衰减，因此覆盖区域会随着频率的增加而迅速消失。这意味着，为了让运营商在更高频段保持良好的覆盖，必须建立许多额外的基站站点，这一过程称为密集化。

运营商采用以下两种方法之一来扩大覆盖范围——具体使用哪种方法取决于人口密度等若干因素：

- 通过继续增加宏基站的数量来实现密集化。
- 采用分层方法进行密集化，这种方法在宏基站的覆盖区域下部署许多低功率小型基站，这些站点往往小型的、室内的或有覆盖物的，并且位于高流量区域。

在上述两种情况下，密集化都会对当前信道和相邻信道产生干扰，导致信号质量下降，从而对用户体验产生不利影响。

为了支持异构部署并最大限度地缓解密集化问题，标准的基于分布式 eNB 架构演变为支持集中式 eNB 架构。分布式架构称为分布式 RAN（DRAN），而集中式版本则称为集中式 RAN（CRAN）。图 10-23 显示了从（传统）DRAN 到 CRAN 架构的过渡，以及两种架构之间的比较。

在传统的 4G LTE 中，无线单元（RU）连接到基带单元（BBU）或 eNB，以使用公共无线接口（CPRI）或开放基站架构倡议（OBSAI）接口进行基带处理。在此 RAN 架构中，所有组件都位于远端小区基站，如基带处理、无线功能和天线。

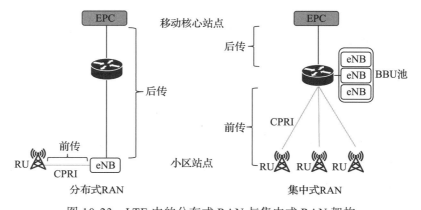

图 10-23　LTE 中的分布式 RAN 与集中式 RAN 架构

然而，使用暗光纤或无源光网络，可以在更远的距离（数十千米）上传输 CPRI，这使得一组小区基站的基带功能可以汇集到所谓的基带池（BBH）中，同时无线功能（RF）保留在远端小区基站。在此 CRAN 架构中，CPRI 接口向上扩展至集中式 BBH 位置，此扩展 CPRI 网络称为前传网络。

CPRI 作为同步协议，需要频率同步信号。但 RAN 也有相位 / 时间同步要求，以支持先进的无线技术。使用 CPRI 的优势在于，它本身支持通过其接口传输同步信号，因此 CPRI 携带了必要的相位 / 时间信息。这意味着定时信号只需传送到 BBU，而 CPRI 负责将该信号分发到 RU。

因此，对于网络工程师来说，了解相位 / 时间信号只需要传送到 BBU/eNB 很重要。从这一点开始，CPRI 负责 BBU/eNB 和 RU 之间的同步。相位对齐的不同定时点如图 10-24 所示。

如图 10-24 所示，±1.1μs 的网络相位要求被传送到 BBU/eNB。为了满足整体无线要求 ±1.5μs，另外的 400ns 预算将消耗在无线设备和 CPRI 网络中。

通过集中处理，CRAN 架构可以更好地利用 eICIC 和 CoMP 等先进技术，来提高可用无线资源的效率和质量。BBU/eNB 之间延迟的减少可以支持更紧密的无线协调、提高频谱利用率，并通过优化设备数量和提高运营效率来降低成本。

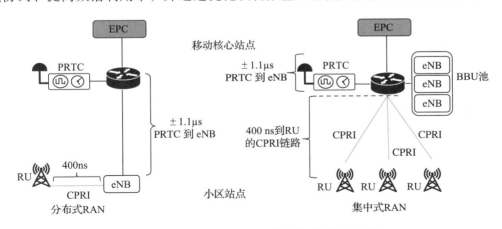

图 10-24　使用基于 CPRI 前传的时间同步架构

分组网络上的 CPRI

CPRI 可以视为数字化的无线信号，因为它代表了所有基带无线处理后的原始输出（在接收方向上也是如此，CPRI 在 BBU 无线处理前承载原始数字化的无线信号）。

CPRI 流量有三个重要特征需要解释，因为它们直接影响 5G：

- CPRI 是一种类似 TDM 的传输，这意味着它始终在进行通信，并且必须以特定的时间间隔进行传输。可以把它想象成一个 E1/T1 电路，与 E1/T1 一样，CPRI 电路也需要频率同步。

- CPRI 由少数 RAN 供应商组成的联盟定义。尽管规范是公开的，但上层的实际实现和消息的内容大多是专有的。这意味着，即使每个设备都使用 CPRI，在传统的前传网络中也不可能实现多厂商设备的互操作。

- 由于 CPRI 基本上代表了无线信号的原始形式，因此它是一种非常低效的传输高数据速率流量的方式。一个类比是，这种方式就像把电子邮件打印件的照片发送出去，而不是构成消息的发送以更小的 ASCII（或 Unicode）数据。随着 5G 越来越关注更高的数据速率以支持 eMBB，CPRI 显示出其局限性，它所消耗带宽的增长速度比用户数据流量的增长更快——它的可扩展性已经达到了极限。

另一个缺点是，由于 CPRI 原本设计用于连接 RU 和 BBU，因此它基本上是一种点对点的 TDM 式同步协议。由于这个原因，在构建复杂网络以及采用多路复用（将较低带宽的信号聚合到单个高速链路中）提升有效性方面，CPRI 几乎没有灵活性。其他系统，例如基于分组技术的系统，可以很容易地做到这一点。

总之，CPRI 协议的有效性不足以支持 5G 带宽需求，也不够灵活，无法实现可扩展的 RAN 架构。因此，CPRI 的方法必须演进，否则就会被取代。

为了解决 5G RAN 中 CPRI 存在的这些缺点，正在进行两项演进：

- RAN 内部的功能分离正在发生变化，以便不需要通过前传网络来传输大量数据。（见 10.4.3 节）。

- CPRI 正在从基于 TDM 的协议向基于分组的协议（例如以太网）迁移，以提高效率、支持统计复用，并增加灵活性。CPRI 联盟的成员已将这种演进标准化，并将其命名为增强型 CPRI（eCPRI）。

另一方面，许多行业参与者和标准制定组织正在提出其他（基于分组或光学）

技术来替代 CPRI，这将具有额外的优势，即这些技术是开放的，在供应商之间可以互操作。其中之一是 O-RAN 联盟，还有其他一些行业参与者和标准制定组织（见上册第 4 章）。

除了带宽效率低下，CPRI 还具有非常严格的延迟预算。实际上，这种低延迟互连的需求要求 CRAN 中的每个 RU 组件都必须处于 BBU 的一定半径范围内。即使从 CPRI 迁移到 eCPRI 这样的基于分组的系统，这个要求仍然存在，即在 5G 基于分组的 RAN 中，BBU/DU 和 RU 之间仍然存在延迟要求。

5G RAN

5G RAN 架构包括确保向后兼容性、增强频谱效率、提高能源效率和降低部署成本的措施。此外，为了支持向 5GCN 架构的演进，5G RAN 设计为支持 SA 和 NSA 部署。

图 10-25 显示了 LTE 和 5G RAN 架构的元素如何与 4G EPC 或 5GCN 一起工作。而且要注意两种架构表示控制平面（c）和用户平面（u）之间连接的术语完全不同。

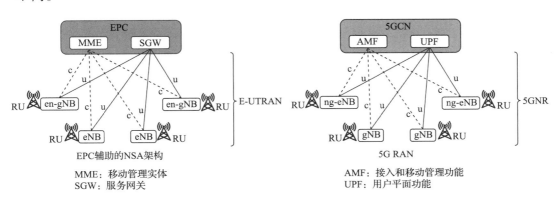

图 10-25　5G RAN 架构

在 LTE 架构中，eNB 在控制平面连接到移动管理实体（MME），在用户平面连接到服务网关（SGW）。同样，在 5G NR 架构中，5G 版本的 eNB（gNB）在控制平面连接到接入和移动管理功能（AMF），在用户平面连接到用户平面功能（UPF）。

在 LTE 架构中，基站由以下部分组成：

- eNB 是支持 LTE UE 和手机并将用户平面和控制平面协议连接到 EPC 的节点。
- en-gNB 是通过 4G RAN 连接到 EPC 的 NR gNB。

在 5G RAN 中，可能的基站模式如下：

- gNB 是支持 NR UE 和手机并将 NR 用户平面和控制平面协议连接到 5GCN 的节点。
- ng-eNB 或下一代 eNB 是支持 LTE 设备并将 LTE 用户平面和控制平面协议连接到 5GCN 的节点。

与 LTE eNB 类似，5G gNB 负责所有与无线相关的功能：例如，无线资源管理、准入控制、连接建立、安全功能、将用户平面和控制平面流量路由到 5GCN，以及 QoS 流量管理等。

在 LTE 中，eNB 到 eNB 的连接由 X2 接口处理并用于调度和协调。同样，在 5G 中，gNB 通过 Xn 接口（类似 LTE 中的 X2 接口）相互协调，以支持移动性、无线资源协调和双连接等。

5G RAN 的设计基于分解 RAN 和传输功能的原则，旨在发挥集中化和虚拟化技术在其部署中的优势。因此，理解 5G RAN 将 gNB 定义为一种逻辑功能而非单个物理实现是非常重要的。

5G RAN 支持在无线处理级别之间进行功能拆分，以允许将一部分 RAN 处理集中到集中式架构中。这使运营商可以选择将 RAN 功能分为两部分，即中央单元（gNB CU）和分布式单元（gNB DU），并在它们之间定义 F1 接口。有关此架构的更多详细信息，见图 10-26。

从理论上讲，F1 是一个开放的接口，引入了不同制造商的 CU 和 DU 之间互连的可能性。这种 CU 和 DU 的拆分意味着这些功能可以托管在不同的位置，如图 10-27 所示。通过 F1 接口连接 DU 和 CU 的传送网络称为中传网络。

将 gNB 拆分为 DU 和 CU 的单独功能，可以在硬件和软件的实施、规模和成本方面带来灵活性。加入开放架构和开放接口的定义，可以在 5G RAN 中实现多供应商部署和互操作性。通过有选择地将低延迟功能分布在离用户更近的位置，分布式处理可以支持更紧密的协调、更好的负载管理和更高的频谱利用率。

下面将讨论允许上述情况发生的 gNB 功能拆分。

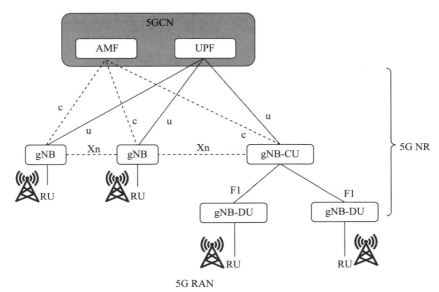

5G RAN

AMF：接入和移动管理功能
UPF：用户平面功能

图 10-26　5GCN 和 RAN 组件

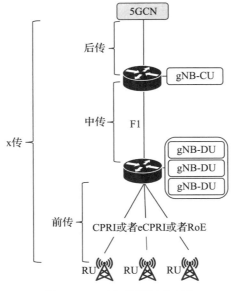

图 10-27　5G 分解云 RAN

RAN 功能拆分

对于 CPRI，继续采用这种形式功能拆分的缺点是显而易见的，尤其是在需要大量带宽的情况下（如 eMBB 用例）。但是，如果前传网络不携带这种低层的无线流量，而是以临时的、半处理的形式传输数据，会怎样？

出于这个原因，无线处理被分为八个不同的步骤，这些步骤是集中式功能与分布式功能可能的功能拆分点。CPRI 使用的选项 8 是这个金字塔的最低点。这意味着几乎所有产生无线信号的处理都在集中式 DU 中完成，只有最底层的 RF 功能分散到小区站点。这意味着 CPRI 需要在两个站点之间传输大量数据。

图 10-28 给出了拆分 5G RAN 架构的可能选项。在上行和下行方向，无线信号都经过一系列信号处理模块；这些模块之间的接口是 4G 和 5G RAN 的潜在拆分选项。分离点左侧的功能需要集中实现，分离点右侧的功能则分布到无线站点。CPRI 选项 8 位于最右侧。

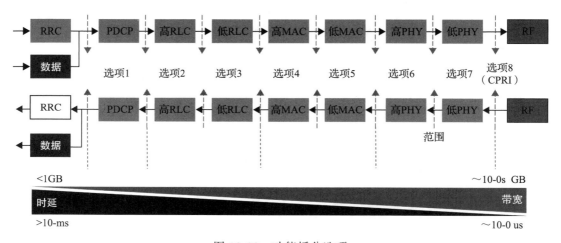

图 10-28　功能拆分选项

具有较小数字（1，2）的选项称为高层拆分，而具有较大数字（7，8）的选项称为低层拆分。当 RAN 工程师谈到低层拆分时，指的是处理堆栈中较低位置的拆分，但选项编号较高。相反，高层拆分的选项编号较小。对于每个拆分选项，延迟要求都会发生变化，承载特定数量的用户流量所需的带宽也会发生变化。

选择低层拆分选项（向右）会增加带宽（从而降低效率）并具有较高的延迟要

求。但是，这些低层拆分的高度集中化使得 BBU/DU 之间的协调更加紧密，可以使用前面介绍的方法提高质量和频谱效率。

对于高层拆分选项（向左），带宽需求与用户流量增加有关并可以利用统计复用的优势。高层拆分（例如，选项 2）放宽了延迟和带宽要求。因此，对于那些需要高带宽的用例，通常选择选项 2 作为拆分层级。

通过集中式 DU 部署控制多个 RU，可实现不同 RU 之间的负载平衡、实时干扰管理、具有更高频谱增益的 CoMP、无缝移动性和资源优化。

由于存在不同的功能拆分选项，运营商需要评估哪些有效拆分适合其部署要求以及在哪些位置拆分。有关更多信息，3GPP TR 38.801 给出了功能拆分要求并详细说明了每个功能拆分的优缺点。

5G 传输架构

5G RAN 向着分解和功能拆分的方向演进，将架构分为三个主要部分：中央单元（CU）、分布式单元（DU）和（远程）无线单元（RU）。根据功能的划分，传输网络需要在带宽、抖动、延迟和时间同步等方面支持不同的特性。

根据 DU 功能的位置，作为 CRAN 或 DRAN 架构的一部分，5G NR 有多种部署方案。如前所述，RU 和 DU 之间的接口称为前传网络，DU 与 CU 之间的接口（F1 接口）称为中传网络，CU 与 5GCN 核心之间的接口称为回传网络。图 10-29 显示了四种基本场景。

- 场景 1：在小区基站位置部署 RU 和 BBU/eNB/gNB（DU + CU）。这是完全分布式 DRAN 架构的实现，是 4G LTE 非常常见的部署。在这种情况下，小区站点通过回传网络连接到核心网络。这些部署非常普遍，尤其是对于宏基站和农村站点。

- 场景 2：在小区基站部署 RU，而 BBU（DU+CU）集中实现。在这个经典的 CRAN 架构中，RU 通过前传网络（通常使用 CPRI）连接到集中式 BBH 池中的 BBU。这种部署模式在世界某些地区（例如东亚）的 4G LTE 部署中已经非常普遍，尤其是对于流量负载较高的密集城市地区。

- 场景 3：RU 和 DU 集成在小区基站，但 CU 为集中式。在此 CRAN 架构中，RU 和 DU 位于同一位置并集成在小区基站，任何前传网络都位于站点本

地，但 CU 的高层功能是集中实现的，并且 CU 通过中传网络连接到 DU/
RU。

- 场景 4：RU、DU 和 CU 都在不同的位置。这是一个真正分解的 CRAN 架构，
  其中 RU、DU 和 CU 功能分散在前传、中传和回传网络上。

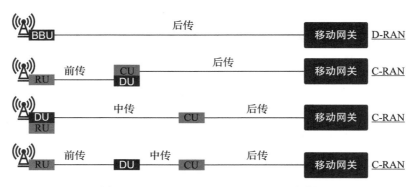

图 10-29   5G NR CRAN 和 DRAN 架构

随着功能拆分的引入，需要更加灵活地处理通过前传（和中传）网络传输的数
据类型。这种从 CPRI 这样单一用途系统的转变，正在允许运营商可以使用以太网
等技术构建基于分组的前传网络。为了实现这一点，需要重新定义 CPRI 以使用基
于分组的传输，而不采用固定的 TDM 式的传输。

目前，定义 CPRI 分组化的主要标准有两个：

- 以太网无线（Radio over Ethernet，RoE）定义了以太网帧上无线协议的封装
  和映射。RoE 由 IEEE 1914.1 和 1914.3 标准定义。
- eCPRI 在 RU 和 DU 之间提供基于以太网或 IP 的前传协议定义，支持功能拆
  分的部署。注意术语：eCPRI 将 DU 功能称为 eCPRI 无线设备控制（eREC），
  将 RU 功能称为 eCPRI 无线设备（eRE）。

表 10-14 列出了 CPRI、eCPRI 和 RoE 协议之间的区别。

eCPRI 和 RoE 还认可 IEEE 802.1CM-2018 "前传时间敏感网络"（参见第 4 章）
中的许多元素。正如它在 802.1CM 中所说：

IEEE 802.1CM-2018 标准定义了构建能够传输时间敏感前传网络所需要的协
议子集，包括对特征、选项、配置、默认值、协议和程序的选择。

表 10-14　CPRI、eCPRI 与 RoE

CPRI	eCPRI	RoE
基于 TDM 的设计、同步协议	基于分组的异步协议	基于以太网的异步协议
恒定数据速率，无分组延迟变化	可变数据速率，对分组数据变化敏感	可变数据速率，对分组数据变化敏感
—	与 CPRI 不兼容	CPRI 兼容模式：CPRI 结构不可知和 CPRI 结构感知
大的分组头，高带宽	带宽优化、统计复用优势	带宽优化、统计复用
点到点协议	支持点对点、点对多点和环形拓扑	支持点对点、点对多点和环形拓扑
专有性质	用于专有定义的供应商定义字段	基于开放标准的定义
无 L3 定义、不支持以太网或 IP	基于以太网或 UDP/IP 的协议	基于以太网的协议

有关详细信息，请参阅 CPRI 规范 7.0、eCPRI 规范 2.0、eCPRI 传输网络规范 1.2 和 IEEE1914.3 规范文档。

eCPRI 和 802.1CM 标准都包含基于以太网前传网络的重要建议，包括 RU 和 DU 之间的 QoS、延迟、抖动和帧丢失率（FLR）要求。此外，对于基于分组的前传网络的设计，必须使其最坏情况下的网络延迟符合端到端延迟要求。有关 CPRI 和 eCPRI 的更多详细信息，请参阅 eCPRI 传输网络规范 1.2、eCPRI 规范 v2.0 和 IEEE 802.1CM 标准。

除了 eCPRI 和 RoE，O-RAN 联盟也在制定前传规范。O-RAN 联盟使用 eCPRI 框架，为支持 5G RAN 的多供应商环境开放式分组的前传网络定义了规范。这些 O-RAN 前传规范同时支持 5G NR 和 LTE RAN。它们定义了控制、用户和同步平面规范，以及详细的信号格式和消息，支持多供应商 RAN 在管理平面上运行。更多细节请参考 ORAN 规范，特别是前传控制、用户和同步平面规范（当前版本 5.0）。

最重要的一点是，由于 CPRI 已经转变为基于分组的实现（eCPRI、O-RAN 或其他），以前 BBU 和无线之间（或 DU 和 RU 之间）的同步协议已经失效，并由非确定性分组流取代。结果是，同步要求不再由 CPRI 处理。前传网络现在必须携带相位/时间和频率同步并将其一直传送到 RU。

一般而言，同步要求仅适用于 DU 和 RU（它们必须相互同步，同步的程度取决于实现），而不适用于 CU（超出正常操作需求，例如日志文件中的时间戳）。然而，高级无线技术所要求的同步要求（见 10.5 节）必须一直传递到 RU，因为这些同步要求被规定为传递到天线（而不是使用 CPRI 时的 BBU）。

为此，网络工程师需要依靠熟悉的 PTP 和 SyncE 工具（请参阅第 11 章），不仅在回传网络中，而且也在中传和前传网络中。

网络切片

灵活的无线技术拆分、不同用例的分类以及 CUPS 架构的结合，使得 5G RAN 能够采用所谓的网络切片。网络切片允许运营商通过共享的物理网络基础设施来提供不同类别的服务。如图 10-30 所示，通过网络切片，运营商可以根据时延、抖动和同步要求，将应用部署在不同的位置，并采用必要的 RAN 拆分来支持带宽。

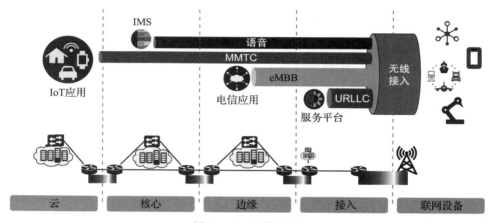

图 10-30　网络切片

网络切片可以是专用资源或共享资源，甚至可以跨越网络的多个部分或多个运营商。其想法是，运营商将部署一种切片类型，以满足具有相同特征的多个网络流的需求。

理解网络切片的一个好方法是，可将它视为一种 QoS 形式，确保所需条件和资源是可用的，并保证是端到端的，以供任何需要 QoS 的应用使用。对于网络切片，建议采用完整的定时支持协议子集 G.8275.1，以避免复杂性并在所有服务类别中保持准确的定时。然而，各种部署用例随着 5G 切片的发展而演变，目前仍有待进一步研究。

10.5 5G 新无线同步要求

前面部分讨论了同步用例以及 4G LTE 和 LTE-A 的要求，5G NR 采用了许多相同的用例。但 5G 使用了更灵活的频谱，并将其部署在更广泛的异构小区基站上。除了 LTE 的基本需求外，5G 还增加了需要严格同步的部署场景和无线技术。

对于 LTE、TS 36.104 和 TS 36.133，3GPP 技术标准给出了描述基站发送和接收要求的关键文件。对于 5G，对应文件为 TS 38.104 和 TS 38.133。对于许多用例，这些文档定义了空中接口允许的最大 TAE 的要求。

RAN 标准制定组织，如 eCPRI、IEEE 802.1CM 和 O-RAN，考虑了这些要求，并将它们分为四个不同的类别，即 A+、A、B 和 C，如表 10-15 所示。请注意，尽管某些值未定义属于某个特定类别，但它们仍可以有定时要求，并标识为"3GPP中未定义"。

表 10-15　定时精度类别

3GPP 定义的 5G NR 特性	RAN	
	LTE	NR
MIMO 或 Tx 分集传输	类别 A+	类别 A+
带内连续载波聚合	类别 A	BS 类型 1：类别 B BS 类型 2：类别 A
带内非连续载波聚合	类别 B	类别 C
带间载波聚合	类别 B	类别 C
TDD	类别 C	类别 C
双连接	类别 C	类别 C
CoMP	3GPP 中未定义	3GPP 中未准备好
补充上行链路	LTE 中未应用	3GPP 中未准备好
带内频谱共享	3GPP 中未准备好	3GPP 中未准备好
定位	3GPP 中未定义	3GPP 中未准备好
MBSFN	3GPP 中未定义	3GPP 中未准备好

如图 10-31 所示，这些要求进一步表示为架构各个组件之间的相对和绝对时间误差（TE）。绝对 TE 是根据可追溯到 PRTC 的协调世界时（UTC）定义的，即前面提到的无线接口处的 ±1.1μs。此外，相对 TE 是任意两个 RU 之间允许 TE 的最大绝对值。

下面通过图 10-31 来说明表 10-16 中列出的定时精度要求。

用户网络接口（UNI）表示传输网络和无线设备之间的切换点（连接到无线之前的最后一个接口）。术语 $|TE_{RE}|$（来自 eCPRI）表示无线单元（RU）中的最大绝对 TE（见图 10-31）。最后，TAE 表示任意两个天线端口之间的最大可允许时间误差（通常还包括 3GPP 的 3μs 要求）。

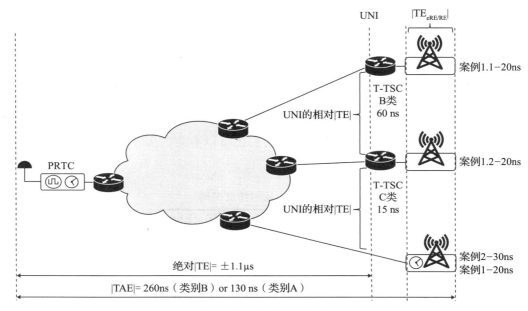

图 10-31　时间准确度定义

表 10-16 涵盖了这些不同定时类别的 TE 要求。

表 10-16　定时精度要求

类别	UNI|TE| 的时间误差要求			天线端口的 3GPP TAE 要求
	案例 1		案例 2	
	案例 1.1	案例 1.2		
A+	—	—	20ns 相对	65ns
A	—	60ns 相对	70ns 相对	130ns
B	100ns 相对	190ns 相对	200ns 相对	260ns
C	1100ns 绝对	—	1100ns 绝对	3μs

以下是不同部署案例的定义：

- 案例 1：电信定时从时钟（Telecom Time Slave Clock，T-TSC）集成在无线

设备内部，这意味着最终 PTP 一跳的端点处于无线单元内部。案例 1 包括两个子案例：

- 案例 1.1：假设集成 T-TSC 的性能符合 ITU-T G.8273.2B 类规范，包括 cTE 和 dTE 的预算，即 60ns。
- 案例 1.2：假设集成 T-TSC 的最大绝 TE 为 15ns；可以视为是根据 ITU-T G.8273.2 类别 C T-TSC 考虑的；并在 eCPRI 传输网络 V1.2 中定义。
- 案例 2：T-TSC 未集成在 eRE 或 RE 内，而是部署在无线单元前面的设备（如基站路由器）中。定时信号通过物理接口（如每秒 1 个脉冲（1PPS））传送到 RE。

需要注意的重要一点是，对于涵盖 MIMO 和 Tx 分集需求的 A+ 类要求，TAE 值是针对设备内部的指标，而对传输网络没有要求。虽然该要求仍然存在，但它位于"盒子内部"的两个组件之间，因此网络工程师不必考虑这个要求。

RE 内部的绝对定时误差或 |TE$_{RE}$| 的范围取决于情况和类别，如表 10-17 所示。

表 10-17　无线设备内部时间误差的绝对值 |TE$_{eRE/RE}$|

	A+	A	B	C
案例 1.1 和 1.2	N/A	20ns	20ns	20ns
案例 2	22.5ns	30ns	30ns	30ns

请注意相对定时要求和绝对定时要求之间的实施差异。当一个小区基站与任何其他无线信号的同步需要保持 3μs 以内时，这是通过确保每个无线信号与协调世界时（UTC）的的误差保持在 ±1.5μs 内来实现的。这是一个绝对定时要求，因为每个无线信号都是根据一个固定的外部标准来衡量的。

但是，当两个无线信号之间存在相对定时要求时，则仅意味着无线信号 1 和无线信号 2 需要相互配合，以向其连接的用户设备提供服务，并在相对时间范围内达成一致。但这并不意味着，一个国家中某一个地方的无线信号，需要在同一相对时限内与网络中的所有其他无线信号对齐，或者与 UTC 等外部信号对齐。

如图 10-32 所示，由于这两个无线信号彼此接近，它们的定时信号可能来自相对接近的公共主源。大多数情况下，这些设备都连接到前传网络或中传网络的同一网段，因此，在 260ns 甚至 130ns 的相对时间预算内，实现彼此之间的同步，比尝试将整个网络同步到所需的精度水平要容易得多。11.4.4 节中将对此主题进行进一步讨论。

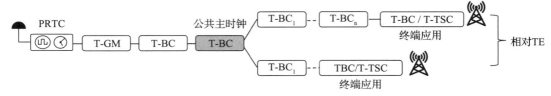

图 10-32　相对于公共 T-BC 的相对时间预算

请记住，相对定时预算是 CRAN 定时的重要组成部分，但绝对范围仍然适用。对于绝对定时和相对定时，节点需要同时处其相应的限制范围内。

本节详细介绍了 5G NR 架构中的定时要求，并表明对于演进的 5G 分解 CRAN，定时确实变得复杂。对于网络工程师来说，对 DRAN 进行定时要简单得多，但很明显，在演进的 RAN 中需要更多关注提供时间的准确性。

10.5.1　相对时间预算分析

如图 10-31 和图 10-32 所示，为了在天线接口处保持两个无线信号之间的相对时间误差预算，传输设计需要确保从公共主时钟到终端无线接口的最大绝对时间误差（max|TE|）在定义的范围内。根据经验，从公共时钟到无线网络时间预算应小于或等于相对要求的一半，以确保满足两个无线单元之间的相对时间误差。

对于 A 类和 B 类部署用例（见表 10-16），可以使用以下公式计算从公共主时钟获取定时的两个无线信号之间的 UNI 上的最大绝对相对时间误差（max|TER|）。

- A 类

    案例 1.2 和案例 2 都与 A 类部署相关。可以根据这些等式确定最大相对 TE：

    案例 1.2：$\max|TE_R|=130ns-2\times|TE_{eRE/RE}|-2\times|TE_{T\text{-}TSC}|=60ns$

    案例 2：$\max|TE_R|=130ns-2\times|TE_{eRE/RE}|=70ns$

    为计算最大相对 TE，即 max|TER|，对于案例 1.2，eRE/RE 输入的 $|TE_{eRE/RE}|$ 为 20ns（根据表 10-17），对于案例 1.2 定义的 $|TE_{T\text{-}TSC}|$ 是 15ns。

    在案例 2 中，T-TSC 集成到无线设备，eRE/RE 的输入端的 $|TE_{eRE/RE}|$ 为 30ns

（根据表 10-17）。

请记住，60ns 和 70ns 这些值是到达相应 UNI 无线的两条路径之间允许的最大相对 TE。它定义了每个无线 UNI 和公共主时钟之间允许的 TE 网络预算。

- B 类

  案例 1.1、案例 1.2 和案例 2 与 B 类部署相关。B 类部署的最大相对 TE 可以根据以下等式确定：

  案例 1.1：$\max|TE_R|=260ns-2\times|TE_{eRE/RE}|-2\times|TE_{T\text{-}TSC}|=100ns$

  案例 1.2：$\max|TE_R|=260ns-2\times|TE_{eRE/RE}|-2\times|TE_{T\text{-}TSC}|=190ns$

  案例 2：$\max|TE_R|=260ns-2\times|TE_{eRE/RE}|=200ns$

  为计算最大相对 TE，即 $\max|TE_R|$，对于案例 1.1，eRE/RE 输入的 $|TE_{eRE/RE}|$ 为 20ns（根据表 10-17），对于案例 1.1，根据 ITU-T G.8273.2B 类 T-TSC，$|TE_{T\text{-}TSC}|$ 为 60ns，其中包括 cTE 和 dTE 值的预算。

  计算最大相对 TE，即对于案例 1.2 的 $\max|TE_R|$，eRE/RE 输入的 $|TE_{eRE/RE}|$ 为 20ns（根据表 10-17）和案例 1.2 的 $|TET\text{-}TSC|$ 为 15ns。

  在案例 2 中，T-TSC 集成到无线设备，eRE/RE 输入端的 $|TE_{eRE/RE}|$ 为 30ns（根据表 10-17）。

为实现公共主时钟和终端应用之间网络的严格要求，ITU-T 还在 G.8273.2 建议中为 T-BC、T-TC 和 T-TSC 时钟定义了新的 C 类时钟性能级别。这主要是为了将之前 T-TSC 中的 B 类性能导致的 60nsTE 降低到 15ns。

此外，ITU-T 在 ITU-T G.8272 标准中为 PRTC 引入了新的性能水平，并在 ITU-T G.8272.1 中引入了增强的 PRTC。SyncE 性能也在 ITU-T G.8262.1 建议中得到增强，以确保网络时钟分发具有改进的物理层频率信号，以辅助 PTP 定时信号分发。这些更改主要是为了提高前传网络的定时性能。

再次提醒，尽管讨论了相对定时误差，但仍然存在绝对定时要求，即从 PRTC 到无线设备的切换点仍然是 ±1.1μs，如表 10-16 中 C 类所示。

10.5.2 网络时间误差预算分析

随着 RAN 的功能拆分，然后将 BBU 部署为虚拟化 DU 和 CU 功能，需要更多关注 5G xHaul 架构的时间同步设计。对于 5G 服务，了解何时以及如何在网络架构中应用相对定时预算要求（以及绝对定时预算要求），对于确保成功部署服务非常重要。

在虚拟化 5G RAN 架构中，需求大致分为以下几类：

- PRTC/T-GM 和无线空中接口之间的时间校准误差限制。
- PRTC/T-GM 与虚拟化 DU 和 CU 功能的 UNI 之间的时间对齐误差限制。

作为最佳实践，对于虚拟化 DU 以及与该 DU 关联的 RU，建议使用通用的 PRTC/T-GM。如表 10-16 所示，PRTC 与 RU 天线之间的绝对定时误差预算保持在 ±1.5μs；同样，PRTC 与虚拟化 DU 之间的定时误差要求也必须保持在 ±1.5μs 预算内，网络预算则保持在 ±1.1μs。但是，运营商可以使用虚拟化 DU 架构实现不同的部署场景，如下节所述。

选项 1：RU 直接连接到 DU，DU 充当所有连接的 RU 的同步主机。如图 10-33 所示，这可能有以下几个选项。

- DU 有一个直接连接到它的 PRTC/T-GM。
- DU 使用 PTP 和 SyncE 从网络 PRTC/T-GM 接收时钟。

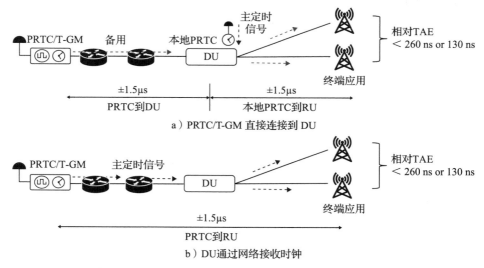

图 10-33   DU 作为同步主设备并为连接的 RU 分发时钟

在此选项中，DU 需要根据 ITU-T G.8262 或 G.8262.1 支持 SyncE 或 eSyncE

时钟定义。在图 10-33b 中，DU 需要符合 G.8275.1 PTP 电信配置文件，并具有最低 ITU-T G.8273.2B 类性能作为 T-BC 时钟。

选项 2：DU 和 RU 通过多跳网络连接，如图 10-34 所示。

- 集中式 PRTC/T-GM 将时钟分发给 DU 和 RU 作为主参考。
- PRTC/T-GM 部署在连接 DU 和 RU 的网络上。集中式 PRTC/T-GM 用作备用定时源。

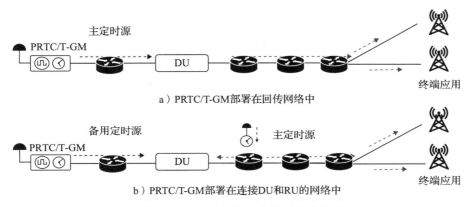

图 10-34　网络 PRTC 通过多跳网络将时钟分发给 DU 和 RU

在此选项中，向 DU 和 RU 分发定时信号的节点，需要遵守 G.8275.1 PTP 电信配置文件，并具有最低 ITU-T G.8273.2 B 类性能作为 T-BC 时钟。这些网络节点还需根据 ITU-T G.8262 或 G.8262.1 支持 SyncE 或 eSyncE 时钟定义。但不强制 DU 或 RU 使用 SyncE 频率源来实现其自身的频率同步，可以仅使用 PTP 来实现频率和相位同步。

如图 10-34b 所示，如果网络拓扑有备用定时源，则 DU 和 RU 可以使用备用定时源在主定时源故障期间实现更长的保持时间。APTS 或 BMCA 等功能在此类部署中很有用。

选项 3：PRTC 直接连接到 RU，如图 10-35 所示，有以下两种可能。

- DU 和 RU 从同一个 PRTC/T-GM 接收时钟。
- DU 和 RU 接收来自不同 PRTC/T-GM 的时钟。

在此选项中，将定时信号从 RU 分发到 DU 的节点，需要遵守 G.8275.1 PTP

电信配置文件，并具有最低 ITU-T G.8273.2 B 类性能作为 T-BC 时钟。这些网络节点还需要根据 ITU-T G.8262 或 G.8262.1 支持 SyncE 或 eSyncE 时钟定义。但不强制 DU 或 RU 使用 SyncE 频率源来实现其自身的频率同步，可以仅使用 PTP 来实现频率和相位同步。

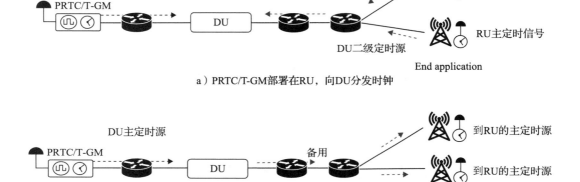

a）PRTC/T-GM部署在RU，向DU分发时钟

b）PRTC/T-GM部署在RU，DU从网络PRTC/T-GM接收时钟

图 10-35　网络 PRTC 通过多跳网络将时钟分发给连接的 DU 和 RU

网络时间误差预算分析：总结

在上述三种场景中，当本地 PRTC/T-GM 部署在 DU 或 RU 时，本地 PRTC/T-GM 成为定时信号的主要来源。位于回传网络中的网络 PRTC/T-GM 可用作备用定时源，从而在任何本地 PRTC 故障期间保持定时对齐。

由于 CU 不需要严格的定时要求，因此没有为 CU 定义特定的定时误差范围。但是，仅出于操作原因，CU 需要与 UTC 保持正常水平的系统对齐。一种用途是允许网络工程师通过关联错误日志中的时间戳来进行故障隔离。另一种用途是 CU 可能需要与加密相关的（例如证书验证）UTC 时间。

作为扩展阅读材料，ITU-T G.8271.1 定义了一个参考架构和网络模型，其网络限制由 G.8273.2 中具有 B 类或 C 类性能的 T-BC 和 T-TSC 时钟组成。这些设备用于通过回传网络或在前传网络中的 DU 和 RU 之间将定时信号传送到 RAN。

10.5.3　虚拟化 DU 同步

虚拟化 DU（vDU）旨在部署在基于 x86 的商用现成服务器上。如图 10-36 所示，服务器具有将网络接口卡（NIC）插入 PCIe 插槽的能力，并在卡中内置定时功能。这些（以太网）接口可用于中传或前传连接。

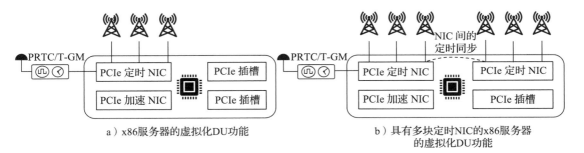

图 10-36　虚拟化 DU 服务器架构

此外，还使用了额外的基于 ASIC 的硬件加速卡，以便可以从主 CPU 卸载计算密集的基带处理。其他 PCIe 插槽用于外设或辅助卡以提供附加功能。

具有定时支持的 NIC 卡或定时同步 NIC 对于保持 DU 服务器平台的定时准确性至关重要，因为 x86 无法在没有帮助的情况下做到这一点。时间同步 NIC 提供了支持 T-GM、T-BC 和 T-TSC 时钟的硬件，以满足高精度 PTP 电信配置文件的要求。

对于高精度定时，需要理解的重要一点是，x86 平台本身不是（也不应该是）DU 和 RU 之间定时路径中的 PTP 时钟，但通常会从 NIC 卡上的 PTP 硬件时钟（PHC）恢复其定时。x86 使用 Linux 软件包 ptp4l 来实现 NIC 卡上的定时与远端 T-GM 同步。ptp4l 进程处理 NIC 端口上的 PTP 流量，更新 NIC PHC，并追溯同步状态。

x86 还可以运行 phc2sys 进程，以根据 NIC 卡中的 PHC 更新系统实时时钟（PHC 使用 PTP 与远端主时钟对齐）。NIC 卡是网络中 x86 服务器和其他设备的准确 PTP 时间的来源和分发者。x86 服务器的硬件能力不足以将其系统实时时钟与 NIC 卡上的 PHC 高度准确地对齐。

因此，在 x86 服务器有多个网卡的情况下，服务器无法从系统实时时钟准确地将定时分发给多个网卡。每个 NIC 卡都有自己的 PHC，服务器无法准确地（在移动所需的级别）在卡之间传输定时。NIC 卡必须在外部以菊花链形式连接在一起，并且使用某种机制在系统中的每个 NIC 卡之间分发定时信号。

图 10-37 说明了使用虚拟化 DU 的典型部署场景。一旦 DU 服务器从连接的 PRTC 获得准确的时间和相位信号，NIC 卡就可以配置为 T-GM 以将时钟分发给菊花链配置中的其他连接服务器（或同一服务器中的其他 NIC 卡）。

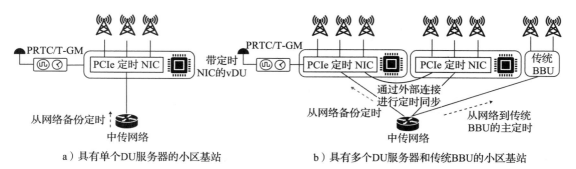

a) 具有单个DU服务器的小区基站   b) 具有多个DU服务器和传统BBU的小区基站

图 10-37   小区站点的 vDU 部署

时间同步 NIC 上的（多个）接口用于连接中传网元、前传路由器和 RU 设备。如果基站上还部署了任何传统 BBU 或 eNB，则可以使用来自 DU 的定时或从另一个网络源（例如中传或回传网络中的路由器 / 交换机）来获取定时。

由于使用 vDU 的 CRAN 架构严重依赖于服务器内部的定时同步 NIC 卡，因此使用这种方法会降低解决方案的可靠性——尤其是当单个 NIC 用作 PTP 源并以菊花链方式连接到站点中的其他 vDU 时。

同样，这种方法会影响站点定时源的定时误差和可扩展性。菊花链增加了 vDU 和相关 RU 之间的跳数，从而增加了定时误差。而且由于许多 NIC 卡中的接口数量非常有限，使用菊花链会占用每个卡上的两个端口（它们通常只有三个或四个端口）。这种限制也使得在不引入过多的跳数和 NIC 卡的情况下很难扩展定时网络。因此，当站点部署了多个 vDU 服务器时，强烈建议使用基于网络的前传定时分发。

10.5.4   最大接收时间差与时间对齐误差

3GPP 规范中的同步要求以 MRTD 或 TAE 表示。对于 DC 或 CA 用例，协作基站到用户设备的传输之间过多的 MRTD 可能会导致问题，因为一些信息过早到达和 / 或其他信息过晚到达，用户设备都无法使用。例如，根据 3GPP TS 28.133，FR1 中的带间 CA 允许的预算高达 33μs MRTD。较短范围的较高频率（FR2）具有较低的预算。有关详细信息，请参阅 10.3.7 节。

任何 MRTD 的计算还需要考虑每千米大约 3.3μs 的传播延迟。因此，每个协作基站与用户设备之间 9.5km 的距离差异约为 31.5μs MRTD。由于传播延迟产生的 31.5μs 的预算损失意味着两个无线信号必须实现 1.5μs 内的相位同步，才能允许 MRTD 正常工作。这比两个相邻 TDD 无线信号之间允许的通常 3μs 的要求更加严格。

LTE 和 NR 基站之间的带内 CA 用例，也称为 EN-DC（E-ULTRA NR 双连接），是为共址部署定义的。在共址部署中，无须考虑用户设备和协作基站之间的传播差异，因为这两个无线信号的传播时延是相同的。

表 10-18 总结了使用 CA 或 DC 时，FR1 和 FR2 频率范围进行 5G 部署所需的详细相位和频率要求。

请注意，±1.5μs、260ns、130ns 和 65ns 的值符合 CPRI、eCPRI、IEEE8021. CM 和 O-RAN 等组织 RAN 规范中概述的要求。

表 10-18　5G 用例的时间同步要求

应用	TAE 或 MRTD（空口）	标准
5G NR TDD	± 1.5μs TAE	3GPP TS 38.133
带间同步 EN-DC（LTE 和 5G NR 双连接）	33μs MRTD	3GPP TS 38.133
NR 带间 CA	33μs MRTD（FR1） 8μs MRTD（FR2） 24μs MRTD（FR1/2）	3GPP TS 38.133 条款 7.6.4
NR 带内同步 EN-DC（TDD-TDD 或 FDD-FDD）	3μs MRTD	3GPP TS 38.133 条款 7.6.3
NR 带间 CA；带有或没有 MIMO 或 Tx 分集	3μs TAE	3GPP TS 38.104 条款 9.6.3.2，9.6.3.3
NR 带内非连续 CA；带有或没有 MIMO 或 Tx 分集	3μs TAE（FR1） 260ns TAE（FR2）	3GPP TS 38.104 条款 9.6.3.2，9.6.3.3
NR 带内连续 CA；带有或没有 MIMO 或 Tx 分集	260ns TAE（FR1） 130ns TAE（FR2）	3GPP TS 38.104 条款 9.6.3.2，9.6.3.3
每个载频的 NR MIMO 或 Tx 分集传输	65ns TAE	3GPP TS 38.104 条款 9.6.3.2，9.6.3.3

参考文献

3GPP

"Evolved Universal Terrestrial Radio Access (E-UTRA); Base Station (BS) radio transmission and reception." *3GPP*, 36.104, Release 8. https://portal.3gpp.org/desktopmodules/Specifications/SpecificationDetails.aspx?specificationId=2412

"Evolved Universal Terrestrial Radio Access (E-UTRA); Measurement Requirements." *3GPP*, 36.801, Release 8, 2007. https://portal.3gpp.org/desktopmodules/Specifications/SpecificationDetails.aspx?specificationId=2481

"Evolved Universal Terrestrial Radio Access (E-UTRA); Requirements for support of radio resource management." *3GPP*, 36.133, Release 8. https://portal.3gpp.org/desktopmodules/Specifications/SpecificationDetails.aspx?specificationId=2420

"NR; Base Station (BS) radio transmission and reception." *3GPP*, 38.104, Release 15, 2017. https://portal.3gpp.org/desktopmodules/Specifications/SpecificationDetails.aspx?specificationId=3202

"Study on indoor positioning enhancements for UTRA and LTE." *3GPP*, 37.857, Release 13, 2016. https://portal.3gpp.org/desktopmodules/Specifications/SpecificationDetails.aspx?specificationId=2629

"Study on new radio access technology Physical layer aspects." *3GPP*, 38.802, Release 14, 2017. https://portal.3gpp.org/desktopmodules/Specifications/SpecificationDetails.aspx?specificationId=3066

"Study on new radio access technology: Radio access architecture and interfaces." *3GPP*, 38.801, Release 14, 2017. https://portal.3gpp.org/desktopmodules/Specifications/SpecificationDetails.aspx?specificationId=3056

Common Public Radio Interface (CPRI)

"Common Public Radio Interface: eCPRI Interface Specification." *CPRI*, eCPRI Specification V2.0, 2019. http://www.cpri.info/downloads/eCPRI_v_2.0_2019_05_10c.pdf

"Common Public Radio Interface: Requirements for the eCPRI Transport Network." *CPRI*, eCPRI Transport Network V1.2, 2018. http://www.cpri.info/downloads/Requirements_for_the_eCPRI_Transport_Network_V1_2_2018_06_25.pdf

Federal Communications Commission. "Wireless E911 Location Accuracy Requirements." Federal Register, 2020. https://www.federalregister.gov/documents/2020/01/16/2019-28483/wireless-e911-location-accuracy-requirements

IEEE Standards Association

"IEEE Standard for Local and metropolitan area networks – Time-Sensitive Networking for Fronthaul." *IEEE Std 802.1CM-2018*, 2018. https://standards.ieee.org/standard/802_1CM-2018.html

"IEEE Standard for Local and metropolitan area networks – Time-Sensitive

Networking for Fronthaul – Amendment 1: Enhancements to Fronthaul Profiles to Support New Fronthaul Interface, Synchronization, and Synchronization Standards." *IEEE 802.1CMde-2020*, 2020. https://standards.ieee.org/standard/802_1CMde-2020.html

International Telecommunication Union Telecommunication Standardization Sector (ITU-T).

"G.823, The control of jitter and wander within digital networks which are based on the 2048 kbit/s hierarchy." *ITU-T Recommendation*, 2000. https://www.itu.int/rec/T-REC-G.823/en

"G.824, The control of jitter and wander within digital networks which are based on the 1544 kbit/s hierarchy." *ITU-T Recommendation*, 2000. https://www.itu.int/rec/T-REC-G.824/en

"G.8262, Timing characteristics of synchronous equipment slave clock." *ITU-T Recommendation*, Amend 1, 2020. http://handle.itu.int/11.1002/1000/14208

"G.8262.1, Timing characteristics of enhanced synchronous equipment slave clock." *ITU-T Recommendation*, Amend 1, 2019. https://handle.itu.int/11.1002/1000/14011

"G.8271, Time and phase synchronization aspects of telecommunication networks." *ITU-T Recommendation*, 2020. https://handle.itu.int/11.1002/1000/14209

"G.8271.1, Network limits for time synchronization in packet networks with full timing support from the network." *ITU-T Recommendation*, Amend 1, 2020. https://handle.itu.int/11.1002/1000/14527

"G.8273.2, Timing characteristics of telecom boundary clocks and telecom time slave clocks for use with full timing support from the network." *ITU-T Recommendation*, 2020. https://handle.itu.int/11.1002/1000/14507

"G.8272, Timing characteristics of primary reference time clocks." *ITU-T Recommendation*, Amend 1, 2020. http://handle.itu.int/11.1002/1000/14211

"G.8272.1, Timing characteristics of enhanced primary reference time clocks." *ITU-T Recommendation*, Amend 2, 2019. http://handle.itu.int/11.1002/1000/14014

"G.8275.1, Precision time protocol telecom profile for phase/time synchronization with full timing support from the network" *ITU-T Recommendation*, Amend 1, 2020. http://handle.itu.int/11.1002/1000/14543

O-RAN Alliance. "O-RAN Fronthaul Control, User and Synchronization Plane Specification 5.0." *O-RAN*, O-RAN.WG4.CUS.0-v05.00, 2020. https://www.o-ran.org/specifications

第 11 章 ｜Chapter 11｜

5G 定时解决方案

本章将介绍部署同步解决方案的多种方法，以支持所有不同 5G 移动网络用例。这将考虑多种因素，如适合每种情况的工具、不同网络拓扑背后的优缺点，以及每种情况下解决问题的最佳方法等。

11.1 移动定时部署考虑因素

在设计定时解决方案之前，最重要的是要认识到问题的范围，这取决于运营商正在构建的移动网络类型。另一个重要因素是关于回传（和前传）网络可用传输选项类型的限制。因此，本节介绍了在选择每种类型网络的最佳解决方案时的主要考虑因素。

如果读者在部署工作中有主动选择权，重要的是与适当的人员协商部署的细节，以正确定义问题。例如，5G 在前传中引入了很多灵活性和复杂性，因此网络定时工程师必须与 RAN 团队密切合作。如果错误理解一个关键要求，可能会使总体设计无效，而且对于运营商来说，是一个非常昂贵的错误。

11.1.1 网络拓扑

一个稳健的定时解决方案，通常包括全球导航卫星系统（GNSS）的分布式网络，并结合定时信号在传输网络上传输。在此，假设以下两个非常重要的因素会极大地影响设计。

- 拓扑：网络中节点的特征及其分布方式。这些特征会影响节点处理和转发定时信号（如 PTP）的能力。
- 传输：节点之间底层传输网络的特征，它与传输定时信号的准确度和真实度有关。

拓扑在以下两个基本方面很重要。

- 网络的形状（例如，是环形还是集线器式布局）。
- 网络的大小或长度（环中的节点数，或链的长度）。

基本问题在于确定如何将定时信号（有冗余）分发给最终应用，并以最低的成本满足网络定时预算。如果 GNSS 接收机位于无线站点，则传输和网络的特性并不重要。但是，定时源越集中，传输定时信号的网络设计就越重要。

尽管设计必须考虑节点在地理上的分布，但距离本身并不是一个重要因素，因为 PTP 会补偿距离。然而，通过很长的距离传输定时时，可能需要考虑传输系统上会影响定时设计的特征（例如，需要引入不对称性的长距离光传输方法）。在本书中，传输系统指的是用于在节点之间传输频率信号和 PTP 消息的技术方法。

因此，如果要使用底层传输技术来传输定时信号，则设计必须始终考虑底层传输技术。最简单的传输方式基本上是暗光纤——光脉冲进入光缆的一端，然后从另一端出现，无须额外处理。

然而，通常情况下，传输越复杂，就越有可能对时间传输的准确度造成损害。当传输在节点之间的链路中有主动组件或智能设备时，工程师必须假设这些组件可能会引入不对称性、分组延迟变化（PDV）或两者兼有。对于使用 PTP 传输定时，这两个特性都是问题。尽管在使用 PTP 仅传输频率时可以容忍不对称性，但它会严重影响相位精度。

供应商和标准组织正在更新许多传输技术，以支持和 / 或改进相位和频率的准确传输。实现这一目标的机制因所考虑的传输类型不同而有很大差异。总而言之，如果这些有问题的系统位于定时信号的路径中，则它需要包含称为定时感知的设计特征。

此外，如果使用同步以太网（SyncE）或增强型 SyncE（eSyncE）等物理技术来传输频率，则必须确保端到端网络能够可靠地传输该频率（即使网络的设计除了以太网还有其他不同传输类型）。同样，实现这一目标的方法将取决于传输技术，因为它通常需要使用一些本地方法来传输频率（微波链路是一个常见的例子）。

在链路的一端，设备必须能够恢复 SyncE 频率，将其转换为某种本地方法来携带频率，然后在远端恢复该频率，并将该频率信号应用到面向下一个网元（NE）的以太网端口。图 11-1 说明了在不同的传输类型之间传输频率等定时信号。

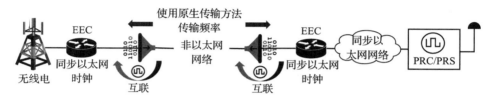

图 11-1　在不同的传输类型之间传输频率

与传输链路类似，携带基于分组的定时信号的网元可以分为定时感知和定时不感知两类。

- 定时不感知设备只是像其他设备一样简单地交换分组或消息，并且没有任何可以视为定时感知的机制来处理分组。除了服务质量（QoS）等正常机制，这种设备无法处理时间敏感分组。

- 定时感知设备识别传输定时信号的分组（如 PTP），并对其进行特殊处理。对于 PTP 可感知的网元，将包括 PTP 配置文件中边界时钟（BC）或透明时钟（TC）的功能。

仅包含 PTP 感知网元节点的分组网络，通过仅由定时感知设备组成的传输路径连接，称为完整定时支持（Full Timing Support，FTS）。不能提供该水平定时传输支持的分组网络称为部分定时支持（Partial Timing Support，PTS），这意味着只有一部分节点可以理解和处理 PTP。网络中的其他网元将 PTP 消息视为任何其他第 2 层（L2）或第 3 层（L3）分组。

回顾《5G 移动网络的同步（上册）》（以下简称上册）第 8 章中提到的 ITU-T 已根据这两种用例定义了相位 / 时间同步的网络限制：G.8271.1 用于 FTS，G.8271.2

用于 PTS。还有一种推荐的 PTP 电信配置文件来支持所有这些用例：G.8275.1，用于 FTS 的以太网 PTP（PTPoE）；G.8275.2，用于 PTS 的 PTP over IP（PTPoIP）。

11.1.2 用例和技术

为移动网络设计定时解决方案之前，要回答的最基本问题是："这种设计适用于哪种移动网络？"这个问题的答案应该有助于运营商和定时工程师决定所需的定时形式以及必须提供的准确度。

移动技术的演变、启用的服务、无线类型和无线接入网（RAN）架构，将决定是仅需要频率同步还是需要频率、相位和时间的组合同步。

总结一下基本要点，以下是一些通用规则（都需要频率）：

- 所有时分双工（TDD）无线都需要相位 / 时间同步。
- 由于 5G 无线或新无线（NR）都是 TDD，所以需要相位 / 时间同步。
- 使用频分双工（FDD）无线的 LTE（4G）网络通常只需要频率同步。
- LTE-A 网络可能需要相位 / 时间同步，具体取决于启用的服务和无线方法。多媒体广播多播服务（MBMS）、增强的基站间干扰协调（eICIC）、协调多点（CoMP）和载波聚合（CA）等功能通常需要相位 / 时间同步。
- 多输入多输出（MIMO）等复杂的天线技术需要相位对齐，尽管相位对齐的要求可能仅适用于连接到单个无线天线阵列。

请注意，MIMO 通常不适用于低频段，因为低频意味着长波长，从而导致天线阵列最终会非常大。

- 任何提到单频网络（SFN）的无线传输场景都需要相位同步。请注意，广播也使用这种技术，因此数字广播和电视发射机通常需要相位同步。
- 小基站的部署通常需要相位对齐，尤其是当干扰协调是小基站与网络集成的一部分时（请参阅 11.1.3 节）。
- 许多用于确定用户设备（UE）位置 / 定位的技术都需要相位对齐，在使用观察到达时间差（OTDOA）时尤其如此。

至少对于 5G 的早期部署，有三个普遍认可的用例：

- eMBB（增强型移动宽带）和固定无线接入（FWA），这是 3GPP 第 15 版（Rel15）的重点。FWA 使用 5G 网络为固定位置（如家庭宽带）提供通信服务。
- uRLLC（超可靠和低延迟通信），这是第 16 版（Rel16）的重点。
- mMTC（海量机器类通信）和工业物联网（IoT），这是第 17 版（Rel17）的重点。

用例通常不会决定在建 5G 网络的定时要求；但是，用例可能需要部署一种可以改变定时要求的技术。

例如，部署移动基础设施以支持高带宽的 eMBB，可能需要推出超高频毫米波（mmWave）。这些频段与低频移动频段的协作，可能需要协调无线收发器之间的相位同步（而且无论如何，毫米波很可能是 TDD）。

11.1.3　小基站与宏基站

需要考虑的一个重要问题是部署基站的类型。虽然在频谱上查看不同基站类型的范围和能力可能更正确，但本节将它们分为两个相当广泛的类别，即宏基站和小基站。无论以哪种方式定义它们，重要的是要了解基站的类别如何影响定时解决方案——一种定时解决方案可能仅适用于一种类型。

通常，部署这些不同类型的无线基站，要满足当地的条件和要求，并且具备在它们之间进行切换和协调的能力。它们在所谓的异构网络（HetNet）中，彼此并排部署，覆盖区域相互重叠。HetNet 方法用于提供马赛克式覆盖，在无线基站之间甚至与 Wi-Fi 等其他接入技术之间具有复杂的互操作性。

这些基站之间的协调程度可能会有所不同，从非常松散的一个极端到非常紧密的另一个极端。在更紧密的协调中，采用 CoMP 等技术为使用无线协同工作的用户设备提供服务。其他部署可能更独立地工作，但仍然需要 ICIC 和 eICIC 来阻止重叠无线信号的彼此干扰。

在主要道路上行驶时，可能会看到宏基站，它具有以下部分或全部特征：

- 具有良好天空视野的大型铁塔或无线天线（用于 GNSS 的天线）。
- 在农村地区广泛部署，但在人口稠密的城市地区部署较少。宏基站往往具有高输出、长距离，并且间隔相对较远。它们的设计更多是为了提供移动性和覆盖范围，而不是高带宽，因此倾向于在低频段传输。

- 较陈旧的安装，最初是为前几代移动设备构建的。
- 通过微波等专用传输技术连接回传网络。远端可能没有光纤连接，如果不对已部署的设备进行修复和升级，可能无法获得准确的定时。
- 配备昂贵的接收机和良好的振荡器（甚至铷）以保持稳定。
- 基站设备通常是安全的，公众无法接入。大多数情况下，运行基站的设备锁在一个带有围栏的封闭空间中，并有摄像头监控。
- 可能已经配备了 GPS 接收机。在某些国家和地区（例如北美），宏基站可能已经内置了 GPS 接收机，以支持以前的无线标准，例如码分多址（CDMA）。
- 设备占地面积大。现场将有基础设施来支持电力、空间、环境控制等（尽管在特别偏远的地方这些会受到限制，例如，在没有电源的地方）。

同时，小基站具有以下特点（工程师可能会认为微基站、微微基站，甚至毫微微基站都是小基站）：

- 成本相对较低的设备，部署在城市峡谷、室内或遮挡物下。因此，要么没有部署 GNSS 的选项，要么只能以相当高的成本获得（购买良好的天空视野、为 GNSS 天线租用空间，并获得将天线电缆接入室内的许可）。
- 主要部署在人口密度高的地区和覆盖率低的隐蔽地点（因此，不在农村地区）。小基站往往具有较低的输出、较小的范围，并在高流量区域大量部署。它们的设计更多是为了覆盖建筑物内部或增加带宽，而不是支持高移动性。还可以使用更高的频段，甚至是毫米波。
- 往往在共享位置和运营商未能很好保护的区域进行较新的部署。未经授权的人员可以很容易地接触到这些设备，或者至少能接触将设备连接到回传网络的电缆。
- 回传网络具有良好的连接功能。该站点通常由光纤或运营商以太网（CE）提供良好的传输服务，从而可以简单地部署定时传输解决方案。
- 振荡器较差，几乎没有令人满意的保持性能。当失去参考信号时，它们的定时性能通常很差。例如，它们可能根本不支持 SyncE，一旦失去了 PTP 定时信号，就会关闭发射机，而不是尝试保持。

- 小基站的无线信号与可能提供重叠覆盖的宏基站协调配合。可以想象，大型的宏基站位于主要高速公路休息站旁，但餐厅、洗手间和周围的休息区则由微基站覆盖。

- 缺乏大量的环境控制和支持性基础设施（在室内）。另外，它们可以部署在室外机柜或有限空间（例如街道电线杆）中。这意味着它们可能会遭受极端温度变化等条件的影响。

图 11-2 显示了宏基站（图的左侧，仅显示桅杆的顶部）和小基站（图的右侧，班加罗尔的一栋建筑物外）之间的区别。宏基站有三个透明扇区（每个 120°），小基站有一个 GNSS 天线。

图 11-2 宏基站与小基站（来源：左，©Justin Smith / Wikimedia Commons，CC-BY-SA-2.5；右，©Rohanmkth / Wikimedia Commons，CC-BY-SA-4.0）

在了解了这些基站的主要特征后，为不同类型的基站提供定时的正确方法也就清楚了。可以从以下几个方面来看：

- 部署基于 GNSS 解决方案的能力。
- 保持性能的水平（振荡器质量）。
- 故障恢复的能力和对备份或冗余的需求。
- 向回传网络（和邻近站点）传输的可选项。

一方面，一个大型宏基站可能已经拥有具有良好稳定振荡器的 GPS 设备（无论如何，在北美是这样），因此在传输过程中提供任何形式的定时或某些冗余方案可能是不必要的。它已经有了保持性能良好的频率、相位和时间源，而且也不需要额外的处理。

另一方面，小基站没有这些优势。如果小基站都位于室内，那么很难为该设施中的每个小基站提供 GNSS 接收机。例如，对于校园或购物中心等场所，在屋顶位置部署具有 PTP 主站（GM）的 GNSS 接收机，并在本地 LAN 电缆基础设施上，使用 PTP 将相位 / 时间传输到每个小基站，这可能更有意义。

对于恢复能力而言，一个购物中心的单个小基站功能失效，可能影响的范围有限。通常，有来自其他基站的重叠覆盖，并且外部宏基站也可以覆盖任何死角。对于运营商而言，如果部署了足够多的相对便宜的设备，为相对便宜的设备提供昂贵的冗余，可能并不值得尝试，对于定时，也是如此。当然，如果使用单个集中式 GNSS 接收机和带有 PTP 的 GM，一旦发生故障，整个站点都会停止工作（除非重叠的宏基站可以提供服务）。

位于山顶的宏基站丢失其定时信号可能会导致山谷中的所有用户都无法使用，因此冗余是一个更重要的考虑因素。这些高位置的一个优势是，GNSS 信号通常来自地平线以上，因此一个屏蔽地平线以下信号的天线，可以大大降低干扰的风险。任何短期干扰的可能性都可以通过强大的保持性能来处理。

对于保持，小基站的保持性能可能会很差，因此它需要传输网络的帮助来保持准确的定时信号。如果本地 GNSS 接收机出现故障或被干扰，提供恢复能力是有意义的。这需要将另一个接收机放在另一个位置，并从那里将备用时间源带入本地园区。备用站点应该远离本地干扰器，对于城市站点，至少要有 2 ~ 3km 的距离，而对于郊区或农村，至少要有 5 ~ 10km。

传输能力也是一个重要的考虑因素。如果传输网络对定时没有感知能力，那么在没有备份的情况下放置一个 GNSS 接收机，是最糟糕的选择。以山顶部署为例，这样的站点不太可能有良好的光纤链路，可能只能通过微波到达。通过传输提供定时解决方案可能需要修改该微波设备。如前所述，对于许多地点，这可能既没有必要也没有成本效益。

11.1.4 冗余

在小基站和宏基站的部分中，定时解决方案设计中要考虑的一个方面是冗余和恢复能力。鉴于部署位置和类型，有时无须花费大量资金即可改善冗余。例如，许多小基站可能仅通过单个网络链路连接到回传网络。当设备的链路是单点故障时，在定时解决方案中提供大量冗余几乎没有意义。确定所需的冗余级别对运营商来说是成本 / 收益的权衡。

对于定时解决方案，从冗余性的角度来看，以下是要考虑的方面：

- GNSS 时间信号源的故障，包括本地故障（如本地干扰事件）和系统故障（整个卫星系统出现问题）。
- 远程主参考时钟（PRTC）和 GM 定时信号的传输故障（假设使用 SyncE 和 PTP）。
- 冗余的 PRTC 和 GM 信号源，在网络周围广泛分布，但距离需要使用这些信号的基站不要太远。
- 增加保持时间；例如，通过使用物理频率源作为增强保持的方法（有关更多信息，请参见 11.1.5 节）。
- 设计网络以确保 SyncE 信号中的冗余。
- 部署几个极其稳定的参考时钟（例如原子钟），以实现定时解决方案的自主运行（意味着它可以在没有外部源的情况下运行）。
- 提高 PTP 无感知网络在本地 GNSS 中断期间准确传送定时信号的能力。图 11-3 显示了网络末端的设备（例如基站站点路由器），如何通过 PTP 从端口从远程 T-GM 恢复时钟，以获得本地主时间源。

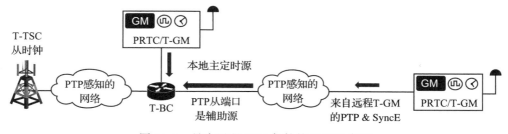

图 11-3　具有远程 PTP 备份的 GNSS 主源

一种普遍提出的方法是利用 ITU-T G.8273.4 中概述的辅助部分定时支持（APTS）技术，在该技术中与远程 T-GM 的连接是通过定时无感知网络进行的。

以下各部分依次讨论这些注意事项。

GNSS 冗余

目前，只有有限的方案可以替代 GNSS 系统，来作为远端或隔离设备的频率、相位和时间的准确来源。有关各种 GNSS 系统的特性和功能的更多信息，请参见上册第 3 章。

专家对缺乏替代方案感到担忧，他们担心 GNSS 系统的脆弱性。这种风险可能来自恶意行为者否认信号，甚至是正常事件，例如破坏性的空间天气条件或人为错误。有几个组织正在游说超越当前基于空间无线系统的定时分发的替代方案，其中一个是弹性导航和定时基金会（https://rntfnd.org/）。

提供备份的一种明显方法是，建立另一种功能更强大的地面无线信号，用于定位、导航和定时（PNT）。

本节并非旨在对可用于强化基于 GNSS 的定时系统的每种方法进行全面指导，但以下是一些可用的选项，可使运营商有更好的机会成功应对事件：

- 使用加固的且有恢复能力的接收机，具有更好的抗干扰和抗欺骗能力。这些机制并非万无一失，但它们有所帮助。以前的历史事件表明，许多旧型号的接收机非常脆弱。
- 采用改进的天线技术，这一领域几乎没有得到足够的重视。即使是基本的屏蔽和更具方向性的天线，也有助于减轻地面信号的干扰。

例如，有一类天线称为受控接收模式天线（CRPA），它使用自适应天线技术接收来自卫星方向的信号并忽略干扰信号。这些设备仍然是主要用于军事应用的高端设备，但天线设计对于 GNSS 接收机的恢复能力来说是一个非常重要的因素。

- 使用多频段、多星座接收机并使用任何可用的增强信号（见上册第 3 章）。例如，伽利略系统在 2019 年 7 月出现了长时间的中断，甚至在 2016 年 1 月 25 日至 26 日，GPS 也由于数据上传错误而出现"异常"。拥有一个在系统中断或不稳定时仍能工作的接收机，显然是一个优势。

令人高兴的是，近年来生产的接收机大多数都具有多星座功能，因此请务必激活该功能，并确保天线系统和无线滤波器允许接收所需的信号频段。

- 使用频率、相位和时间的远程源，例如带有 SyncE 的 PTP。这将有助于基站在本地 GNSS 中断时仍能继续工作。如果连接到基站的传输中有 PTP 无感知元素，那么使用 APTS 是一个明显的解决方案（参见本章 11.3.4 节）。

工程师们明白，对于基于 GNSS 的系统，重大中断不是"是否"的问题，而是"何时"的问题。例如，在 2025 ~ 2026 年达到预测最大值之前，一个风险正在增加，那就是太阳周期下一个峰值导致的空间天气恶化。无论原因是什么，总有一天会发生大范围的中断故障。

PTP 和 SyncE 冗余

显然，任何定时解决方案都不应该依赖于单点故障，这当然适用于频率、相位和时间的参考源。许多工程师一个常见的疏忽是更多地关注 PTP 信号的恢复能力，而不是充分利用 SyncE 可以做的事情来构建强大而准确的定时解决方案。

在有限的跳数内拥有多个可用的 PTP 源至关重要（跳数的多少取决于定时预算和中间边界时钟的准确性）。这并不意味着一个好的设计会是，将一个 PRTC+GM 放在一个国家的首都，而另一个放在这个国家的第二大城市。对于大型、复杂的网络，可能有数十甚至数百个这样的设备部署在网络中更为边缘的汇聚层或预汇聚层。

这些 PRTC+GM 设备可以是来自专门生产它们的供应商的独立设备，也可以嵌入网络路由器或其他设备中。有时它们不比小型可插拔（SFP）卡大，可以插入路由器的以太网端口以向路由器提供 SyncE 和 PTP。

将 PTP 与诸如 SyncE 之类的物理频率信号相结合，能够提供跨传输网络携带定时信号的最佳性能。SyncE 具有另一个巨大的优势，即在 PTP 信号消失的时候提供定时保持（请参见 11.1.5 节）。因此，应设计整个网络的同步流以提供最大级别的冗余。

如果将小基站部署在仅提供单个网络链接的位置上，则无法提供冗余，因为单个回传链接是单点故障。实际上，许多基站可能根本无法使用 SyncE 信号，并且只在有效的 PTP 馈送下才起作用，因此在这种情况下，PTP 源的冗余性更为重要。

但是，如果较大的宏基站通过多个网络链路连接，为了在多链路故障中正常工作，可以在每个链路上运行 SyncE 或者在其中的一些链路上运行 SyncE，这样做并不会导致太多的开销。通常，拥有 SyncE 只是将其配置为启用的问题，因此最好是启用而不需要它，而不是需要它而没有配置它。

11.1.5　保持

关于保持，首先要了解的是，以合理的成本长期使用日常设备是多么困难。因此，对预期进行一些设定很重要。作者经常回答移动运营商有关定时要求的详细问卷。这些问卷是运营商在其 5G 就绪的回传网络和前传网络中采用的网络设备选型过程的部分问题（请参阅 12.2 节）。

对基站路由器（CSR）的保持要求并不罕见，如该路由器必须能够在非常不切实际的时间段内保持 TDD 无线要求的 1.1μs 相位精度。很多时候，购买新设备的运营商要求 CSR 应支持 24 ～ 72h 的保持。还有一些人要求数周、甚至长达几个月的保持时间！这是可能实现的，但只有使用（非常昂贵的）原子钟才能做到。现实是，运营商只能期望常规网元能保持这种水平的相位对齐几小时。

理想的情况是在每个基站设置增强的 PRTC（GNSS 接收机加上铯时钟）。这将提供惊人的准确性和非常持久的保持能力。但每个站点将花费 5 万～ 10 万美元，并且每年的运营支出为 5000 ～ 7000 美元。如果有无限的资金，一个简单且完全强大的定时解决方案很容易部署。

但是，对于普通网元，或者带有 Stratum 3E 振荡器的路由器，应该期望独立的 1.1μs 精度的相位保持时间为 4 ～ 8h，而不是几天或几周。当然，结合使用 SyncE（辅助保持）会有显著改善。可以通过网络解决方案的设计实现以合理的成本提供鲁棒的长期保持，而不是对网络中节点进行镀金。

请注意，频率保持和相位保持是相关的，都依赖于来自同一个振荡器的信号，实际上对频率保持和相位保持都是有要求的。频率保持通常很好，但是相位保持会迅速超出规范并引起问题。相比频率保持，相位保持变化更快的原因是，尽管频率可能不会进一步偏移，但是较小的频率偏移量会一直累积到相位误差中。例如，偏移为 10×10^{-9} 的频率是非常稳定的，也仍然是非常准确的，但这意味着相位每秒积累 10ns 的相位误差。

有两种形式的保持，通常单独讨论。一种是短期保持（瞬态响应），它是由于网络中的瞬态或临时重排引起的。这是网络日常条件导致的正常状态，包括链接状态的快速变化、节点故障、光缆被切断、停电等。这些在定时网络中经常发生，因为定时消失一小段时间不会影响无线网络，因此这些条件不需要太多关注。

第二种形式是长期保持，通常是指从频率、相位和时间源到无线基站最终应用的追溯链中断的情况。长期保持衡量的是，一个基站在没有这些参考信号的情况下，作为一个自主定时时钟正常工作的能力（这是大多数人对保持的认识）。

ITU-T 时钟性能规范（例如 ITU-T G.8273.2）通常包括对瞬态响应和长期保持的单独要求，二者都包括是否支持物理频率（SyncE）以及温度是恒定还是变化。例如，G.8273.2（10/2020）表 7-9，标题为"对于恒温条件下 T-BC/T-TSC A 类和 B 类，PTP 输入（MTIE）丢失期间的性能余量"，表明时钟可以将其 MTIE 每秒增加 25.25ns，并且仍然合格。想一想，以这种性能水平保持几周后，这个相位会有多么严重的错位。

11.1.6 第三方线路

构建精确定时分发网络时，一个重要的考虑因素是回传和前传网络的特性。根据各个市场的情况，为了将其基站连接到移动基础设施，移动服务提供商（MSP）可以拥有自己的网络，也可以依赖其他服务提供商。

这些第三方组织向 MSP 提供城域以太网或运营商级以太网电路等服务，因此本书将它们称为运营商级以太网（CE）服务提供商（SP）。它们也有许多其他名称，包括备用接入供应商（AAV）或第三方电路供应商。图 11-4 显示了 CE SP 提供的基本服务。

图 11-4 运营商级以太网服务提供商提供的基本服务

CE SP 提供的许多服务由 MEF 论坛（MEF）定义，MEF 是一个由数百家成员公司组成的行业协会。MEF 已发布实施协议（IA），详细说明了支持移动网络回传所需的传输服务。相应的文件是 22.3，其修订版是 22.3.1。有关 MEF 的更多详细信息，请参阅上册第 4 章。

使用 CE SP 线路的第一个问题是，第三方网络中的任何 PTP（和 SyncE）感知节点只能运行属于单个时钟域的单个 PTP 时钟实例。任何重要的 CE SP 都不可能允许其自己的 CE 节点在外部 MSP 的定时域中作为时钟运行。即使 CE SP 确实允许这样做，CE SP 也不可能放置第二个 MSP，因为它自己的节点已经是属于第一个 MSP 定时域的时钟。

一个选项是 CE SP 将其网络节点配置为透明时钟（TC），因为 TC 可用于更新属于多个域的 PTP 消息中的更正字段。SyncE 没有等效的功能，除非用于构建 CE 网络的硬件从根本上发生变化，否则这种限制不太可能很快取消。关于如何在多个定时域中促进网络有一些创新的建议，但就当前可用的技术而言，这样做并不是现实的选择。请注意，MEF 已经将在具有 TC 支持的 CE 网络中传输 G.8275.1 作为一个"进一步研究"的用例（请参阅 MEF 22.3：13.4，"时间同步架构的性能"）。

对于 MSP，唯一的选择是要求 CE SP 透明地携带其 PTP 流量。这可能涉及使用 PTPoverIP（PTPoIP）或其他一些技术，例如将 PTP（L2 或 L3）封装在 VPN、隧道或伪线中。无论使用哪种技术，PTP 将在没有网络任何基本支持的情况下传输（没有 SyncE）。

这引入了各种问题，即定时信号的网络性能和准确性。为此，MSP 必须能够指定和订购它可以依靠的服务（或线路），以准确携带 PTP，并且该线路没有路径上的硬件支持。这意味着能够从 CE SP 订购 PDV 非常有限且几乎没有不对称性的线路。在不同的网络流量条件下交付和运行此类线路非常困难。

另一个问题是，MSP 如何监视定时并确保该相位出现在基站位置时准确到达？MSP 可以使用 APTS 在 CE 网络中纠正不对称性，但该方法具有自己的权衡取舍（请参阅 11.3.4 节）。对于本地相位 / 时间保证监控和 APTS 部署，基站需要一个本地 GNSS 接收机，而 CE SP 仅通过 PTP 提供备份时间源。

另一方面，当 CE SP 为其携带的 PTP 未得到路径上的支持时，CE SP 必须保证其客户可以恢复准确的相位 / 时间。为了做到这一点，CE SP 必须设计并提供仅具有几百纳秒的不对称性和极低的 PDV 服务。CE SP 还必须能够监视该网络的定时性能，并证明其与定时性能的服务级别协议（SLA）一致。这需要仔细的网络工程。MEF 在 MEF 22.3 的 12.3.1 节的"同步流量类的性能"和 13 节的"同步"中定义了其中一些服务特性。

请参阅 MEF 网站（https://www.mef.net/），以获取有关提供时间感知回传服务的文档。

基本上，从定时的角度来看，最好的选择是租赁暗光纤，很难在每个位置都采购到 MSR 也需要的暗光纤。另一种选择是 CE SP 提供时间作为服务（TAAS）。

11.1.7　定时服务

11.1.6 节表明，当 MSP 没有拥有或控制自己的回传网络时，基本上有三个选项可用于定时传输。CE SP 的选项包括：

- 使用某些隧道技术透明地携带 MSP（分组）定时信号，而无须在 CE 网络中的中间节点上提供路径上的硬件支持。
- 在 CE 网络中的每个步骤中使用 TC 携带 MSP 定时信号，以更新传输分组的校正域。为此，PTP 消息必须对底层硬件可见（隧道标记和标签可能使 TC 很难识别 PTP 消息）。
- 提供 / 出售一些透明定时电路 / 服务，例如暗光纤，暗光纤在光纤的两端之间没有活性组件。

有第四个选项可用，这就是 CE SP 在 MSP 所需的任何位置提供具有稳定 SyncE 的准确（但独立）PTP 消息流。主要区别在于，定时信号来自 CE 网络内部，而不是属于 MSP 定时域。因此，它通常称为定时服务。图 11-5 说明了这是如何工作的。

这在概念上类似于基站拥有一个独立的 GNSS 接收机。如果频率在规范范围内（可追溯到 PRC/PRS）并且相位在 UTC 的 1.1μs 以内，那么定时信号的来源无关紧要。当然，MSP 必须确保其定时域与 UTC 紧密对齐，才能使此方案正常工作（MSP 无法在没有校准或对齐 UTC 的情况下运行自主定时源）。

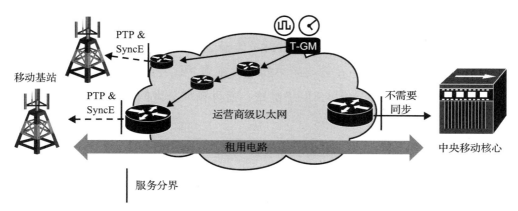

图 11-5　运营商级以太网服务提供商提供定时服务

因此，CE SP 可以将其网络构建成一个支持精确定时的网络，并使用它为 MSP 和其他客户提供可追溯的定时信号作为服务。如果提供的定时信号（例如）与 UTC 相差 200 ～ 300ns，并具有准确的 SyncE，大多数运营商都会跃跃欲试。许多运营商会很乐意将他们的定时分发问题交给别人解决。

当然，这种服务的吸引力归结为成本，但作者认为它将会引起很大兴趣，并且知道目前有几个大型 SP 正在试验或计划这样一个网络。

11.2　仅频率定时部署

部署频率定时的解决方案选项在《5G 移动网络的同步（上册）》第 9 章中针对分组以及在第 6 章中针对非分组（例如 SyncE）进行了介绍。本节更侧重于大多数移动运营商通常选择的部署。有关其他用例（例如电路仿真），请参阅相关章节。

准确频率的来源一直是无线设备的必要元素，可以追溯到近一个世纪前。变化的是实现它的方法。对于 MSP，这些选项通常由 PDH/SDH/SONET 回传网络提供；然而，对于 3G 和更高版本的网络，这些选项开始消失。以下内容介绍了移动运营商为频率同步部署的解决方案。

11.2.1　解决方案选项

总之，部署定时解决方案以支持准确和稳定频率同步的可能选项如下：

- 在需要频率信号的任何地方插入 GNSS 接收机，并通过短距离电缆或物理 TDM 电路（例如 E1/T1 SSU/BITS）传输 2MHz/10MHz 信号。
- 一个独立的原子钟，在需要频率的地方充当 PRC/PRS。
- TDM E1/T1 或 SSU/BITS 网络链路，通过频率分发网络从远程 PRC/PRS 源获取频率。
- 从远程 PRC/PRS 源获取同步以太网（SyncE）频率。
- 基于分组的方法和协议，例如 PTP 或 NTP，或其他一些分组技术，例如自适应时钟恢复（ACR）或差分时钟恢复（DCR）。有关这些解决方案的更多详细信息，请参见上册第 9 章。
- 一些无线技术；这不再常见，尽管地面无线技术（例如 eLORAN）可能会作为 GNSS 接收机的替代品卷土重来。

首先，在需要频率的地方部署原子钟（作为 PRC/PRS）是可能的，但除非只是在少数几个地方需要部署，否则成本过高。通常的做法是在战略地点使用这些时钟作为频率源，然后通过网络传输频率。传统上，这就是 SSU/BITS 网络的设计方式。

绝大多数 MSP 使用原子钟来提供频率信号，然后构建独立的 SSU/BITS 网络以将该信号传送到其主要设施、中心局和接入点（POP）。为了将该频率从本地 POP 传输到移动基站，最近 POP 的基于 TDM 的回传链路通过线路时钟与数据和语音电路一起传送该频率。

随着 TDM（最终）被以太网取代，SyncE 被广泛采用，但仅在可能的地方采用，因为存在技术限制。例如，对于难以到达的站点，唯一可用的传输可能是微波，它最初只为 SyncE 提供有限的支持。由于这些和类似的原因，大多数 MSP 选择了以下选项之一：

- 在基站安装 GNSS 接收机，通过短距离电缆提供频率（例如同轴电缆上的 10MHz 信号）。
- 保留（至少一条）传统 TDM 网络链路连接到基站，仅传输频率（语音和数据不再需要 TDM 传输，因为它们使用以太网传输）。
- 在技术可行的情况下通过回传网络传输 SyncE 定时信号。

- 使用基于分组的方法传输频率，几乎完全使用 G.8265.1 PTPoIP 电信配置文件传输频率（至少一个主要的移动设备供应商使用 NTP）。

要了解使用基于 GNSS 部署时的权衡，请参阅 11.3.2 节，因为这些权衡与用于相位 / 时间用例时的权衡相同。

使用从 TDM 回传电路中恢复的频率是许多 SP 长期以来的做法。但现在很多人正在摒弃它，因为这意味着仅仅为了传输频率而要维护另一个单独的网络（例如 SSU/BITS）。不仅如此，而且设备非常昂贵，在许多情况下，由于供应商停止对 TDM 的支持，设备变得无法维护，因此这些链路的维护成本飙升。另一个因素是基站路由器越来越多地开始停止对 TDM 连接的支持。因此，许多 SP 正在积极停用或已经停用 TDM 连接。

目前的情况是，SyncE 是推荐的解决方案，因为回传网络中的大多数设备原生支持它，并且许多传输选项也越来越支持它。随着性能提高的增强型 SyncE 投入使用，在频率稳定性上，没有能与之媲美的方案。

最后一种选择是使用基于分组的频率传输，这通常指 PTP。仅当 SyncE 不可用时，才建议使用这种解决方案。NTP 确实在这里发挥了一些作用，但运营商认为它是专有技术，只有单个供应商广泛采用。NTP 已不再被积极提出。对于 PTP，使用 ITU-T G.8265.1 配置文件确实很有意义，因为它旨在与 SDH/SONET 和 SyncE 实现互操作（尽管也可以使用 G.8275.1 和 G.8275.2 恢复频率）。

下一个要解决的问题是，什么条件会导致工程师选择 SyncE 而不是 PTP，反之亦然。

11.2.2　基于分组的 G.8265.1 与 SyncE

在本书中，探讨了使用 PTP 或 SyncE 传输频率的优势和权衡。总而言之，MSP 在做出决定时需要考虑的要点如下：

- 使用 G.8265.1 很容易，因为不需要路径支持（甚至不允许）。这意味着它的实施只需要在需要频率的地方依次部署一个 PTP GM、一个 PRC/PRS 和一个 PTP 从时钟，然后通过 IP 网络将它们连接在一起。

- G.8265.1 电信配置文件采用 IPv4（IPv6 可选）来传输 PTP，因此传输 PTP 和配置从设备与主设备之间的路径非常简单。
- PTP 方法的主要缺点是，工程师需要尽量减少网络中的 PDV，以便从时钟能够准确恢复频率。这意味着（至少）在传输 PTP 的中间节点上配置高优先级的 QoS。关于 PDV 对端到端定时性能的影响，参见上册第 9 章。SyncE 对齐更快、更稳定（不受流量负载和 PDV 影响），并且更易于管理和运行。
- SyncE 部署确实需要工程师设计无环路定时路径并手动配置接口以完成路径。
- 除了每个中间节点的支持，SyncE 还要求每种类型的传输系统准确透明地传输频率（例如微波或光纤）。

一般来说，建议尽可能运行 SyncE，在必要的地方运行 PTP。由于 SyncE 和 G.8265.1 旨在实现互操作，因此混合部署非常简单。这允许在 TDM、SyncE 和 PTP 之间进行无缝转换。

11.3　频率、相位和时间部署选项

如前所述，除了现有的频率需求，所有 5G 网络以及越来越多的 LTE-A 网络都需要可追溯的相位和时间信号。本书以下部分将介绍向基站提供准确频率、相位和时间的各种替代方案，并提供了建议和最佳实践。

本节重点介绍在从回传网络到无线设备的分界点处对 UTC 的主要 ±1.1μs 相位对齐。由 RAN 的最新创新带来的中传和前传网络的额外要求将在 11.4 节中介绍。在将这些知识扩展到 RAN 之前，需要了解回传案例的详细信息。

大多数 MSP 考虑的主要选项包括：

- 在需要同步的任何地方安装一个 GNSS 接收机作为 PRTC。
- 结合 SyncE，在具有完整定时支持的回传网络上分发来自远程 PRTC 的定时信号。
- 在有部分定时支持的回传网络（SyncE 可选）上分发来自远程 PRTC 的定时信号。

- 通过二者互联，结合使用上述两种方法。

仅使用 GNSS（或主要使用 GNSS）的案例将在 11.3.2 节中介绍，尽管本书多处介绍了仅使用 GNSS 解决方案的一些优点和缺点，最近一次是在 11.1.4 节中。

11.3.1　相位的网络拓扑 / 架构（G.8271.1 与 G.8271.2）

构建定时分发网络时，有两种基本的网络拓扑可用，并且每种情况都包含在 ITU-T 建议中：

- G.8271.1：MSP 拥有自己的传输基础设施，并有可能构建和支持完全感知的 PTP 和 SyncE 网络。
- G.8271.2：MSP 租用 CE 和其他第三方电路，为此（或某些其他限制）无法构建完全感知的定时网络。

第一种拓扑使用 PTP 和 SyncE 在 FTS 网络上传输，是最佳选择，因为它提供一流的性能，并且得到了定时行业的广泛部署和支持。第二种拓扑，在 PTS 网络上使用 PTP，是次优选择，需要精心设计才能满足定时性能要求。有关这些原因的详细信息，请参阅上册第 9 章。

第一种拓扑需要 SyncE 与 ITU-T G.8275.1 电信配置文件（PTPoE）。当然，GM 和最终从设备之间的每个节点都必须具有时间感知能力，才能成为 FTS 网络。这意味着每个主动的网元必须是电信边界时钟（T-BC）或电信透明时钟（T-TC）。

第二种拓扑是使用 ITU-T G.8275.2 电信配置文件（PTPoIP）实现的，其中 SyncE 是传输频率的可选辅助工具。PTS 网络中每个能够支持 T-BC 或 T-TC 的节点的配置都是非常重要的。主从链中无感知能力的节点越多，就越难以获得到基站的准确时钟。

PTP 传输的 G.8275.1 和 G.8275.2 模型之间的性能特征存在很大差异。这是由于两个配置文件的主要差异造成的：一个位于第 2 层并且需要逐跳处理，另一个位于第 3 层（IP），它可以经过不处理 PTP 的网络节点。表 11-1 描述了两种方法之间的主要权衡。

这些差异将在本章后面部分进行解释。

表 11-1　完全感知网络与部分感知网络

特征	完全感知网络	部分感知网络
网络模型	G.8271.1	G.8271.2
电信配置文件	G.8275.1 PTPoE	G.8275.2 PTPoIP
IP 路由	不适用	环和不对称问题
转发流量	不允许	PDV 和不对称问题
性能	最好	可变、非确定性、取决于流量负载和类型
配置模型	在物理端口上	连接到 L3 设备
链路聚合上的 PTP	没有问题	存在一个 T-BC 连接到另一个 T-BC 的解决方案；否则存在问题
非对称性	降低	可以具有高动态不对称性
PDV / 抖动	在线打时间戳和缺乏转发节点限制其累积	在无感知节点引入的不受控制的 PDV/抖动，PDV/抖动沿链路进一步积累

11.3.2　全球导航卫星系统

初看之下，最简单的解决方案是在需要频率、相位和时间的每个位置放置一个 GNSS 接收机。这是一个很好的解决方案，几十年前就已经在世界的某些地方部署（例如需要相位对齐的北美 CDMA 网络）。有许多供应商为此提供产品。甚至还有可插拔的 SFP 设备，可以为路由器上的以太网端口提供本地 PTP 和 SyncE 源。

但是，此解决方案有一些需要解决的注意事项：

- GNSS 解决方案仅适用于某些站点：通常对于宏基站来说，GNSS 是一个很好的解决方案，宏基站有一个具有良好的天空视野和空间的大铁塔，支持简单的安装。但是，除非该塔归 MSP 所有，否则在塔上租用一个位置来放置天线的成本可能很高。

  这种方法在当前的 5G 部署中不太受欢迎，因为 5G 需要部署更多的无线基站（称为密集化）。这些新无线基站越来越多地安装在室内或城市峡谷中，在这些地方天空视野是不可能看到的或严重受限的（参见 11.1.3 节）。

  在这些城市环境中，除了没有良好的天空视野外，要获得许可使用电缆接入屋顶天线可能也是问题（而且是一个昂贵的问题）。因此，这些环境需要一个解决方案。一种解决方案是在设施中的某个地方放置一两个 GNSS 接收机，并在站点周围（例如建筑物、体育场或校园周围）本地运行 PTP 和

SyncE。

还有一些类似 GNSS 天线的设备，将天线与 GNSS 接收机和 PTP T-GM 相结合。这些设备位于屋顶，并与铜质以太网电缆连接，这样就可以使用以太网供电。该设备允许采用 PTP 和 SyncE 通过以太网双绞线将定时信号传输到无线设备。相比通过笨重且昂贵的同轴电缆将 GNSS 射频信号从天线传输到建筑物内的接收机，这种设备更容易部署。

- 本地（或系统）GNSS 中断情况下的恢复能力：多星座设备可以帮助解决系统故障问题，但可能无法应对本地中断，例如干扰（在以下要点中讨论）。还要注意，有一种（小的）可能，空间天气事件可能会破坏所有基于空间的信号。

  解决这些问题的一种方法是部署具有原子钟保持功能的 GNSS 接收机——这非常昂贵。另一种方法是在可能受到任何本地事件干扰的区域之外设置多个备用 PRTC 和 T-GM 站点。然后通过 PTP 和 SyncE 在需要同步源但已经丢失本地 GNSS 信号的所有设施之间传输时间。

- 无论有意还是偶然干扰的敏感性：这正在成为一个真正的问题，尽管（好的）接收机能够意识到干扰和信号拒绝事件正在发生，并且可以保护自己。拥有多星座接收机可能无济于事，因为这些干扰设备往往会阻断所有 GNSS 信号，而不仅仅是来自（例如）GPS 的 L1 信号。

  主要解决方法是拥有多个地理足够分散的备用 PRTC 和 T-GM 站点，以至少有一个 GNSS 源在干扰机的范围之外。幸运的是，大多数干扰事件只覆盖了有限的区域，但有可能，在非常广泛的区域内遭受严重的信号拒绝。在这种情况下，唯一的补救办法可能是求助于空军。一些国家已经开发了地面替代方案（例如 eLORAN），以防止与基于空间的信号发生干扰。

- 欺骗：一个更大的威胁是"欺骗"GNSS 信号，以误导接收机接收错误时间，这种威胁一直在增加。接收机可能并不总是能够检测到这些攻击，尤其是复杂的攻击。现在，多频段和多星座设备可以帮助缓解这种威胁，因为这使得欺骗变得更加困难（尽管攻击者可以尝试欺骗一个 GNSS 信号，同时干扰其他星座和频段）。如前所述，可以使用天线技术等选项来帮助过滤掉虚假信号，这在威胁非常大的环境中很有帮助。

GNSS 系统也正在转向认证机制，以确保信号有效。一个例子是伽利略开发的开放式导航消息认证（OSNMA）。它利用定时高效流丢失容错认证（TESLA）协议进行认证。已经有支持此功能的接收机，在撰写本书时，这些信号已经可用于测试。

- 地缘政治风险：一些运营商不想依赖具有"地缘政治风险"的设备，无论是真实的还是想象的；但是，在某些地区，不良行为者（包括国家）始终对清洁的 GNSS 信号构成了实质性威胁。

基于 GNSS 的系统是很好的工具，作为时间源使用非常有价值，但必须了解其缺点并且加以完善。运营商设计和准备网络时，需要防备空间信号不可用或变得不可信的情况。

11.3.3 采用 G.8275.1 和 SyncE 提供完整路径支持

第一个要考虑的网络拓扑是网络在协议级别提供完整路径支持的情况。对于这种情况，结合 SyncE 的 ITU-T G.8275.1 电信配置文件是在传输中携带频率、相位和时间的最佳方法。全球大多数运营商都在尽可能使用这种方法。

图 11-6 展示了该部署网络。定时信号的来源是 PRTC（通常是 GNSS 接收机），这种 PRTC 可以是独立设备，也可以是嵌入在某些汇聚路由器中。这些信号用于生成频率的 SyncE 信号，而 T-GM 功能生成 PTP 消息流以携带相位和时间。

图 11-6　在 FTS 网络上传输 PTP 和 SyncE

T-GM 和无线设备之间路径中的每个网元都配置为 T-BC，以混合模式运行，采用 SyncE（或者 T-TC）实现频率同步。通常，无线设备将链路中的最后一个 PTP 时钟嵌入其中，并用作电信时间从时钟（T-TSC）。

为了成功部署，网络设计必须解决以下几点：

- 路径中的每个节点都需要支持 PTP 和 SyncE，这意味着每个节点都需要是 T-BC 或 T-TC（最多 8 个 T-TC 时钟）。这种 PTP 支持不能只是一些随机的 PTP 配置文件，而要支持 PTPG.8275.1 电信配置文件，以及混合模式下的 SyncE 传输频率。关于规定网络设备要求的详细信息，请参阅第 12 章。
- 任何 PTP 感知设备的性能水平必须满足 G.8273.2 中边界 / 从时钟和 / 或 G.8273.3 中透明时钟的性能规范。同样，SyncE 时钟必须满足 G.8262 或者 G.8262.1 以太网时钟规范。

显然，单个 T-BC 或 T-TC 的性能越好，目的地的定时信号就越准确和稳定，而且可以传输更多跳数而不会过度劣化。

- 传输系统需要支持端到端的 PTP "感知能力"。传输系统中，任何以有意义的方式处理分组的设备，都需要有机制来限制该设备引入的定时噪声和相位误差。
- 传输系统需要支持 SyncE 的透明传输。网元之间的任何传输设备都必须能够忠实地传输频率，而不引入过多的抖动和漂移。它还必须遵守并忠实地复制 SyncE 的以太网同步消息信道（ESMC）质量级别值。
- 网络必须只引入非常少量的不对称性和 PDV。有了完整路径支持和 PTP 感知传输，这些因素得到了很好的控制，但对于 PTS 方法，则由网络设计者负责。

FTS 方法的主要优势在于最后一个要点。根据这些原则设计定时解决方案时，定时的最终性能是确定的，并且在很大程度上是可预测的。正是出于这些原因，在 FTS 网络上传输 G.8275.1 和 SyncE 才是推荐的方法。

但是，如果网络和传输系统无法支持 FTS 案例，会发生什么？对于这种情况，另一种选择是使用为 PTS 案例设计的机制。

11.3.4 采用 G.8275.2 和 GM 在边缘提供部分定时支持

要考虑的第二个网络拓扑是网络不提供路径支持或仅提供部分路径支持的情况。对于这种情况，ITU-T G.8275.2 电信配置文件被认为是在传输中携带频率、相位和时间的方法。SyncE 的使用是可选的，但如果可能，建议使用。通常，运营商仅在有限的情况下（没有其他选择）部署这种方法，并且在许多情况下，只能与 APTS 结合使用。

图 11-7 展示了该部署网络。定时信号的来源是 PRTC（通常是 GNSS 接收机），这种 PRTC 可以是独立设备，也可以嵌入在某些汇聚路由器中。这些信号提供给 T-GM 功能，T-GM 功能生成 PTP 消息流以携带相位和时间。可以选择 SyncE 用于传输频率信号，但如果 SyncE 不可用，则频率也由 PTP 传输。

图 11-7　在 PTS 网络上传输 PTP 和（可选）SyncE

如果可能，T-GM 和无线设备之间路径中的网元应配置为部分支持的电信边界时钟（T-BC-P）（也可以是部分支持的电信透明时钟 [T-TC-P]）。通常，无线设备将链路中的最后一个 PTP 时钟嵌入其中，并用作部分支持的电信时间从时钟（T-TSC-P）。可以配置为 T-BC-P 或 T-TC-P 的节点越多，解决方案就越容易运行，结果也越好。

由于经过这种定时无感知网络的定时信号的性能具有不确定性，因此 GM 需要非常接近从时钟，以减少定时信号的劣化程度。出于这个原因，一些供应商将这些分布式 PRTC+T-GM 称为边缘主参考时钟，因为它们位于回传网络的边缘。

图 11-8 显示了 PTS 用例的典型部署拓扑，与部署在网络边缘的 T-GM 相结合。成功的关键是确保"边缘 GM"和从时钟之间的跳数非常少。如果网络中存在任何明显的不对称性，那么这很快会成为一个问题。

为了在未知网络中成功部署，设计必须解决以下几点：

- 将 PDV 降至最低。究竟可以容忍多少 PDV 很难量化。
- 将不对称性降至最低。多少算多主要取决于整体定时预算，但每微秒的不对称都会引入 0.5μs 的相位偏移。

对于通过定时无感知节点所传输的 PTP 消息，降低其 PDV 并不容易。限制

PDV 影响的一个明显答案是，如果可能的话，将传输节点配置为 PTP 感知时钟（TC 或 BC）。请注意，PDV 在无感知的定时链上每一步都会累积，控制它的最有效方法是使用 T-BC。这是因为它终止了来自主时钟的旧 PTP 流，并为下一个从时钟重新生成一个新的流，有效地将 PDV 重置为零。

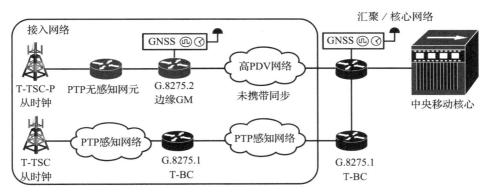

图 11-8 网络边缘的 GM 部署

对于定时无感知中转节点中的 PDV，考虑以下几点：

- 节点内的任何排队都会导致 PDV。这可以通过设计一组 QoS 策略来确保 PTP 流量得到最高优先级处理，以部分避免这种情况。
- 数据流类型和不同帧长度的混合会导致 PDV。在融合网络中，小型 PTP 消息可以与企业或其他类型的数据流复用。非 PTP 数据流可能由最大传输单元（MTU）长度的分组组成，即所谓的巨型帧。即使 PTP 消息处于高优先级队列中，已经开始传输的巨型帧也会导致后面的 PTP 消息不得不等待。

减少这种影响的一种方法是，让设备支持一种称为帧抢占的时间敏感网络（TSN）技术（请参阅上册 4.3.2 节）。帧抢占允许中断非快速分组、传输快速分组，然后再恢复非快速分组的传输。链路的另一端对被抢占的帧进行重新组装（注意，这个功能需要链路两端的硬件支持）。

当然，随着接口速度的提高，发送巨型帧所需的时间会减少，因此传输这些帧的等待时间也会减少。尽管如此，如果接口速度较低（例如，低于 25 ~ 50Gbit/s），对于前传链路中非常严格的定时要求，这种技术仍然被认为是有效的。

请记住，这仅适用于传输 PTP 流的情况，因为适当设计的边界时钟不会遇到此问题（时间戳是在帧准备好传输时才进行的）。类似地，对于 T-TC，中转 PTP 分组的任何等待时间都将反映在校正字段（correctionField）的写入值中，从而有效地消除延迟影响。

有关帧抢占的详细信息，请参阅 IEEE 802.1Q-2018（兼容 802.1Qbu-2016）和 802.1CM-2018，以及"前传链路的时间敏感网络"和 802.1CMde-2020 修正案。

- 网元本身的类型和设计会产生 PDV。有些设备只是受到高 PDV 的影响，因为降低 PDV 不是设备的设计目标，或者工程师设计的设备具有导致 PDV 的某些特征（例如超额订阅）。请记住，主要问题不是交换 PTP 消息所花费的时间，而是这个时间内的可变性。

通过无感知节点的 PTP 消息降低不对称性并不容易。与 PDV 一样，限制不对称性的直接答案是尽可能将传输节点配置为 PTP 感知时钟（TC 或 BC）。

考虑以下关于无感知中转节点中不对称性的几点：

- 在无感知节点中排队可能会导致不对称性，尤其是当排队的数量和长度随着数据传输的方向而变化时（通常是这种情况）。如果主从之间的 PTP 消息在一个方向上比另一个方向延迟更多，那么这就是不对称性。

- 路由可能导致不对称性，因为路由协议可以为上行方向的流量计算一个与下行流量不同的路径。这种情况在环中尤其明显，一个从时钟可以有两条路径到同一个 GM，但具有非常不同的特性（例如跳数）。在这两条路径之间来回切换也会对恢复的定时信号产生严重破坏。

- 流量模式和行为也可能导致不对称性。如果 PTP 消息在一个方向遇到严重拥塞的业务流，而在另一个方向的业务流相对不受影响，这也是不对称性。由于业务流量不断变化，这种形式的不对称性是动态的，无法补偿。

- 网元本身的类型和设计可能会导致不对称性。有些设备内部存在不对称性，因为减少不对称性不是设计目标。这种情况通常出现在具有设计选择的设备中，例如超额订阅，其中设备（通常出于成本原因）在分组处理路径中存在内部瓶颈。例如，某些节点在用户 – 网络接口（UNI）到网络 – 网络接口（NNI）方向上的路径，与 NNI-UNI 方向相比，存在不对称性。

- 在捆绑或聚合链路上使用 PTP 也会引入不对称性。这种将多个物理接口组成一个虚拟链路的技术，称为链路聚合组（LAG），并在 IEEE 802.1AX-2020（原 IEEE 802.3ad）中进行了规定。

当 PTP 消息排队到 LAG 接口时，驱动程序必须从组中选择一个物理链路来转发该消息。这个决定可能是基于某种算法的，例如基于对 IP 报头几个字段计算哈希值的算法。链路的每一端都会有一定程度的自主决策，因此每端选择的链路可能会不同。在相反方向上链路选择的差异也会导致不对称性。

当两个 PTP BC 相互连接时，可以确保 PTP 的实现能够得到加强，使工程师能够将 LAG 配置为使用特定的物理链路来传输 PTP 消息。

LAG 标准还包括用于控制 LAG 链路的链路聚合控制协议（LACP）。它被用来在链路的两端之间进行通信和协商参数。当两个 T-BC 相互连接时，可以增强 PTP 实现，以使用 LACP 来协商链路选择。

另一方面，对于 PTP 无感知节点，链路两端的网元不知道如何处理中转的 PTP 消息，因此它只是根据其配置的链路选择算法来处理这些消息。图 11-9 说明了这个问题。

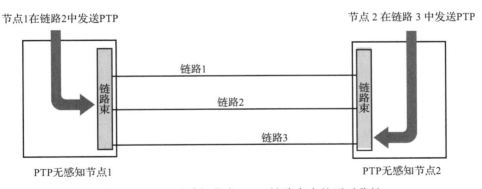

图 11-9　PTP 无感知节点 LAG 链路束中的不对称性

请注意，还有其他形式的不对称性，可能来自网元的外部因素，而不是出现在网元之间的链路中。这可能很简单，就像发射和接收光纤之间的长度不匹配一样，有人可能用 1m 的跳线连接了路径的一个方向，而用 10m 的电缆连接了另一个方向。

不对称性也可能出现在光纤被切断后，维修人员在将其重新拼接在一起时添加了一段备用光纤（环路）。使用双向光学器件（上行和下行通过单根光纤以不同的激光频率传输）是一种缓解此问题的技术，尽管它也引入了其他问题。

当上行和下行信号使用不同的波长（频率）时，光缆中的光信号使用不同的波长（频率）会导致不对称性。这些不同的频率以不同的速度通过光纤，并引入了可测量的不对称性（多种因素会影响这种效应的大小，尤其是对于短距离电缆来说它可能非常小）。这是双向光学的一个问题，尽管可以在很大程度上对其进行建模和校正，这就是双向链路用于传输高度精确的时间信号的原因，例如 White Rabbit（在上册第 7 章中讨论）。

然而，与流量模式变化引起的动态不对称性不同，这些形式的不对称性是静态的，因此可以测量和补偿。

11.3.5　互联的多配置文件

前面几节讨论了传递频率、相位和时间的主要方法（使用 GNSS、FTS 和 PTS），但在实际的生产网络中，许多情况并不那么统一，也并不总是符合单一方法。在某些情况下，需要结合多种技术或对"一刀切"解决方案进行修改来克服困难。

当网络或底层传输的特性要求工程师将 FTS 和 PTS 用例中的方法结合起来时，就会出现这种情况。在这些可能的网络位置，使用 PTP 感知网络和传输方法部署具有 SyncE 的 G.8275.1，但在网络不再提供所需的 PTP 感知水平时，则使用 G.8275.2。

一种常见情况是，无线设备可能嵌入一些设备，例如不理解 PTP 或 SyncE 的 2 层交换机。由于该设备嵌入独立的设备中，基站路由器可能需要将其接收到的 G.8275.1 信号转换为 G.8275.2（PTPoIP），以"跳过"PTP 无感知的 L2 交换机。另一种情况可能是，无线设备本身的 PTP 从时钟仅支持 G.8275.2，而不支持 G.8275.1。

图 11-10 说明了该类型的典型部署情况。定时信号可以使用具有 SyncE 的"同类最佳"G.8275.1 从 PRTC/T-GM 传输，并在 PTP 无感知段开始之前在最后一个 T-BC 处终止。该 T-BC 执行配置文件互联功能，终止 G.8275.1 消息流，并启动

G.8275.2 流以跨越 PTP 无感知网络。

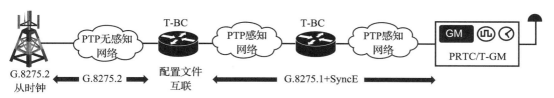

图 11-10　配置文件互联的混合电信配置文件部署

此功能也称为多配置文件支持，因为它能够在每个 PTP 端口上配置具有不同配置文件的 T-BC。

配置文件互联并不像听起来那么简单，尽管在 G.8275.1 和 G.8275.2 配置文件之间互联更容易一些，因为它们在工作方式和支持的 PTP 功能方面有很多共同点。上册 7.5 节介绍了不同 PTP 配置文件的差异，并解释了在其他 PTP 配置文件组合之间进行交互工作的复杂性。例如，有一些不同的字段必须被转换，因为它们是在一个从端口接收，并在另一个主端口以不同配置文件进行传输。这在 Announce 消息的字段中尤为突出，需要根据配置文件对值进行转换。需要转换的最明显字段是域值。由于 G.8275.1 的域值范围在 24 ～ 43 之间，而 G.8275.2 的域值范围是在 44 ～ 63 之间，因此在端到端网络中没有通用的域号。

工程师必须在执行互联功能的设备上配置这些值转换，至少对于域号而言是如此。可以自动假定其他转换值（例如在 G.8275.1 和 G.8275.2 中固定的优先级 1 等值）或默认情况下允许保持不变。在这两个配置文件之间进行互联时，这种方法很容易，但对于其他配置文件对来说，可能要复杂得多。

提示：*许多参数的默认设置并不适用于其他组合配置文件的互联，因为它们可能需要不同的字段值，例如 clockClass、clockAccuracy 和 offsetScaledLogVariance。一个很好的例子是 G.8275.1 和 G.8265.1 电信配置文件在频率方面时钟类值的差异。有时侯直接 1:1 的参数值转换是不可能的。*

11.3.6　G.8275.2 辅助部分定时支持

如果在缺乏 BC 和 TC 时钟支持的无感知网络上运行 G.8275.2 PTPoIP 配置文

件，会导致 TE 和 PDV 快速积累，那么这么做的目的是什么？如果不能依靠这个配置文件来避免不对称性并准确地携带时间，那么为什么要选择它作为一个选项呢？

很明显，一种可能性是，仅在非常少的情况中部署这个配置文件，例如仅在设计良好的网络上，并且在远程边缘 GM 和从设备之间使用非常少的中间节点。事实上，G.8275.2 建议中有一条说明就是这样的。但是，对于那些相位对齐精度更宽松的情况，此配置文件完全适合作为定时解决方案。一个示例是使用远程 PHY 架构对 DOCSIS 电缆系统进行定时。

导致 G.8275.2 配置文件开发的用例是，MSP 没有自己的回传网络，需要依靠第三方 SP 提供电路来互连 MSP 的移动基础设施。这些运营商通常依靠每个基站的 GNSS 来提供相位和频率同步，但开始担心在本地 GNSS 中断的情况下缺乏备份。ITU-T 提出的解决方案是 APTS。

APTS 设计利用基站已经安装了 GNSS 设备这一事实。图 11-11 说明了这个概念。正常运行期间，GNSS 是无线设备相位 / 时间和频率的主要来源。在这种情况下，APTS 时钟是一个从时钟，称为具有辅助部分支持的电信时间从时钟（T-TSC-A），它有一个从端口，通过定时无感知的第三方网络接收来自远程 T-GM 的定时信号。

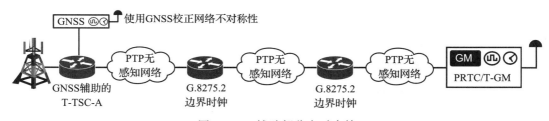

图 11-11　辅助部分定时支持

如果 GNSS 信号变得不可用，并且主源失去了对参考信号的可追溯性，则这个从端口将被最佳主时钟算法（BMCA）选为备用端口。

该设计发挥作用还需要一个组件，在正常运行期间，虽然 GNSS 是主要来源，从时钟也从远程 T-GM 恢复定时信号，并测量恢复时钟与准确 GNSS 时间信号的差异。两个时间信号之间的偏移很可能来自从站与 T-GM 之间第三方网络链路的不对称性。持续进行这种测量，并用于确定 PTP 从端口的校正值。

如果主 GNSS 源消失，并选择从端口作为备用源，则使用不对称性的最后一个测量值来校正来自远程 PTP T-GM 的定时信号。使用本地 GNSS 源（或任何其他定时信号源）来帮助 PTP 从时钟恢复准确的时间，这正是该解决方案名称的由来。

理论上，这是一个不错的解决方案；但是，在考虑这种设计时，需要了解一些事情。请记住，上册第 9 章中已经介绍了两种基本形式的不对称性，即静态的和动态。一方面，如果由 T-TSC-A（或带有辅助部分支持的电信边界时钟 [T-BC-A]）测量的不对称性在本质上大部分是静态的（例如，不同的光纤长度），则测量这个值并使用它补偿恢复的 PTP 时间，将提供相当准确的结果。

另一方面，如果不对称性在很大程度上是动态的，并且数值上容易发生非常随机和剧烈的变动，那么这种方法的使用就很有限。这是因为最后的记录值（即使采用一些过滤方法以减少抖动）在下一个测量周期内将不再有效。诸如快速变化的流量模式等相当合理和常见的行为会导致这种形式的动态噪声。

还要考虑的因素是，很难说一个复杂的回传网络是静态设置的，因为它不断变化，而且适应环境的变化，例如设备升温、链路中断、路由协议重新映射首选路径、电缆被挖断等。需要指出的是，只有在当前情况保持稳定，最后已知的良好值才是有效的。

一旦 T-TSC-A 和 T-GM 之间的路径发生重大变化，测量的不对称性就会变得陈旧，并可能很快变得非常错误。由于 IP 路由在较低层处理所有这些细节，T-TSC-A 从时钟将不知道发生了什么（除非瞬态导致非常突然和剧烈的相移）。即使从时钟确实检测到了非常突然的相位变化，它又能做什么呢？它应该忽略这种错误的转变还是遵循从 T-GM 获得的相位数据？试图对来自权威定时信号接收的数据进行猜测是一种危险的假设。

从以上讨论可知，APTS 方法显然是一种有效的方法，但它有一些限制，需要在部署和依赖它之前了解这些限制。尽管它永远无法提供像 FTS 方法那样的准确性和确定性，但在某些情况下，运营商可能只有有限的选择，而 APTS 肯定会有所帮助。

11.4　中传和前传定时

前面概述了设计回传定时解决方案时可能的折中方案——在切换点向无线设

备提供 ±1.1μs 的相位对齐和 / 或在无线天线上实现 ±1.5μs 的相位对齐。但如第 10 章所述，随着 RAN 的发展，在 RAN 的组件之间还存在额外的（相对）定时要求。

因此，工程师需要考虑将回传定时设计扩展到中传和前传网络，并考虑这些额外的要求。首先要考虑的是正在部署的 RAN 的拓扑结构和类型。

如第 10 章所述，4G/5G RAN 有两种基本拓扑，根据 RAN 组件的位置分别定义为集中式 RAN（CRAN）和分布式 RAN（DRAN）。

第 10 章还介绍了，现代 5G 网络基本上由三个组件组成：中央单元（CU）、分布式单元（DU）和无线单元（RU）。图 10-29 说明了这些单元支持的拓扑与前传（FH）、中传（MH）和回传（BH）网络的组合。

前两种拓扑适用于 4G 和 5G 网络（其中基带单元（BBU）是 5G 的组合 DU/CU），后两种拓扑适用于 5G。有关 4G 和 5G RAN 演进的更多详细信息，请参见第 10 章中的"5G RAN"和"RAN 功能拆分"部分。

在 RAN 基站（BS）站点，从定时源到从时钟的时间分发（时间和相位）主要有三种方法：

- 在需要时间 / 相位的 RAN 站点使用 GNSS 接收机。在前几代无线系统中，GNSS 接收机将使用短距离电缆向无线设备提供物理定时信号（以传输相位、时间和频率），但最近几代无线系统使用 PTP 和 SyncE 来实现这一目的。
- 结合使用 PTP 无感知网络和一个基于 PTP（G.8275.2）的基于分组的方法，从 MSP 核心传输到 RAN BS。
- 结合使用链路的以太网物理层（SyncE）和在 FTS 网络上传输的基于 PTP（G.8275.1）的基于分组的方法。

11.4.1　技术空间

第 10 章广泛介绍了 RAN 部署的技术拆分。本节旨在展示不同的技术拆分如何影响定时设计。RAN 定时的基本原则是，通常 DU 和 RU 都需要同步，而 CU 不需要（仅需要时钟来简化操作）。当然，来自 MSP 的 RAN 和无线团队可以阐明其实施真正需要的细节。

无线堆栈的较高级别往往位于 CU 中，中间层位于 DU，以及 RU 中的较低层。不同层级之间的分界点由拆分选项定义，编号从 1（堆栈中的高位）到 8（堆栈中的低位）。CU/DU 分界通常基于选项 2 拆分，两个功能通过 MH 网络传输的所谓 F1 接口互连（图 10-29 中描绘的第三种和第四种情况）。该拆分的 CU 侧不需要相位同步，但 DU 侧需要。

出于这个原因，在 DU 的站点引入定时信号是有意义的，因为这是 RAN 链中首个需要的组件。可以将 PRTC 和 T-GM 放置在网络中更高的位置，并通过 BH 网络传输信号，但到 DU 的跳数会迅速消耗相位对齐预算。不利的一面是，这意味着当它们像这样分布时，必须部署大量的 PRTC 和 T-GM 设备。

下一个要考虑的因素是 DU 和 RU 之间的技术拆分以及它们之间的连接。此外，DU 和 RU 所在的位置也很重要——它们是在同一个地方还是分布在 FH 网络上（图 10-29 中描述的第三种和第四种情况）。

总之，这个决定取决于 RAN 的架构是集中式的还是分布式，或者换句话说，目标是 DRAN 还是 CRAN；对于 CRAN，各种组件都位于什么位置。

11.4.2　集中式 RAN 和分布式 RAN

回想一下第 10 章，与构建 DRAN 相比，构建 CRAN 有许多积极的好处。只有当 CRAN 应用于密集城域地区的基站时，这些优势才能实现（或变得具有成本效益）——DRAN 仍然是这些区域之外的主要架构。但是所选择的方法对定时设计的影响相当显著。这里要吸取的教训是，如果对 DRAN 进行定时很困难，那么对 CRAN 进行定时可能会更加困难。

提示：*尽管 RAN 的所选架构决定了定时要求，但该决定也有其他影响，会限制各种 RAN 组件的布局。主要考虑因素是延迟，所选的 RAN 类型和技术拆分会对延迟要求产生巨大影响。其中一些延迟预算非常小（例如 100μs），并且对这些元素之间的距离提出了严格的地理限制。出于这个原因，集中式 RAN 仍然分布在靠近无线单元的位置——它只是部分集中式。在比较偏远的地方部署 CRAN 之所以可能会成问题，延迟是一个原因，因为组件之间的距离太大。*

对于许多基于毫米波的小型基站和设备，DU 和 RU 通常位于同一地点，而且没有 FH 网络。可以有一个集中的 CU，这些设备可以连接到 MH 网络（参见图 10-29 中的第三种情况）。这些设备往往部署在人口密集的城市环境中流量较大的地点。

无论 CU 位于何处，只需要在基站进行定时，并且始终采用 ±1.1μs 绝对相位对齐的要求。实现小区间无线协调可能还有额外的、更严格的要求（参见 11.4.4 节）。

许多宏基站的设计是相似的，尤其是那些位于偏远农村的基站；所有设备都在基站，并且只连接到 BH 网络（图 10-29 中的第一种情况）。与小基站情况一样，仅基站需要定时，并且始终采用相同的 ±1.1μs 相位要求。

通常移动站点或中频站点倾向于将其 DU 或 BBU 设备集中到远离基站的共享设施中，这些站点主要部署在高流量的都市区域（图 10-29 中描述的第一种和第四种情况）。这种 CRAN 架构通过 FH 网络将 DU/BBU 连接到 RU。

在 4G 部署中，FH 网络基于使用如公共无线接口（CPRI）等传输方法的最低级别选项 8 拆分。CPRI 是一种类似 TDM 的同步协议，因此向 DU/BBU 提供了相同的 ±1.1μs 相位，并且 CPRI 负责将频率和相位传送到基站的 RU。对于移动网络的相位定时，这是构建定时解决方案最简单的部署之一。

对于 5G，CPRI 现在显示出了其局限性（主要是由于采用选项 8 拆分时，FH 中过大的带宽需求），因此现在的一个趋势是，将 CRAN 转换为使用基于分组传输的 FH 网络。

11.4.3 分组无线接入网

使用选项 8（CPRI）拆分时，仅需要在 DU/BBU 处提供定时信号，而 CPRI 可以在最后几千米内完成工作（由于延迟原因，限制在大约 20km）。但随着 5G 带来的带宽增加，选项 8 拆分正在被级别更高的技术拆分所取代，最常见的是选项 7 的版本。这样可以提高效率，但这意味着 CPRI 不再合适，因此前传网络开始采用基于分组的方法，例如以太网。

采用基于分组的网络的问题是，FH 网络用非确定性传输（以太网）取代 CPRI（本身支持同步传输）。因为现在 DU 和 RU 之间存在"定时间隔"，所以工程师需要将定时解决方案扩展到 RU。这为定时解决方案设计人员带来了一些额外的复杂性。正如在第 10 章中看到的，在连接到不同 RU 的各种天线之间，或者连接到相邻 DU 上的 RU 的天线之间，都需要大量的协调。所有这些协调都需要精确的相位同步，而 CPRI 现在不再处理或传输这些同步。

现在这个问题需要定时解决方案来解决。因此，新的基于分组的 FH 网络需要精确的相位 / 时间同步，并且必须满足 FH 网络组件之间新的相对定时要求。

11.4.4 相对定时与绝对定时

到目前为止，唯一的问题是要求向无线设备提供"传统"±1.1μs 的相位对齐，无论在 DRAN 中的 DU/RU 组合站点，还是在 CRAN 中的 DU/BBU 站点。目前，在 3GPP 规范的后续版本中定义的一些无线协调技术和新服务提出了一系列新的要求。第 10 章中的表 10-12 和表 10-18 分别总结了 LTE-A 和 5G 新无线（NR）的这些要求。

但是，这些新要求是相对要求（不是绝对要求）。绝对的定时要求，例如 TDD 的 ±1.1/1.5μs，意味着每件无线设备必须在某个绝对时间标准的 ±1.5μs 范围内对齐，绝对时间标准已商定为 UTC。通过这种方法，网络上的每个基站都将在其任何一个邻居的 3μs 范围内保持一致，整个网络将在 UTC 的 ±1.5μs 范围内。

相对要求仅在两个或多个设备之间，例如一个 RU 与一个 DU，几乎不涉及与国家另一边的 RU 的相位对齐。因此，当两个 RU 相互协调以将组合数据流传送到对两者可见的用户设备时，这些设备必须在相位上彼此紧密对齐。这可能是 ±130ns 甚至 ±65ns 的值，听起来像是非常非常小的数字。

请注意，相对要求不会取代 UTC 的绝对 ±1.5μs 相位对齐要求。这两个约束必须同时适用；RU 必须在 TDD 的 ±1.5μs 范围内，而且也必须在与其协调的其他 RU 所需的相对对齐范围内。

但是，要认识到，这些相对要求是针对彼此接近的设备（小于 20km），并且在许多情况下，它们要么直接相互连接，要么仅相隔一跳或两跳。而不像定时解决方案那样必须在整个网络或整个国家提供大约 ±130ns 的精度。图 11-12 说明了紧密聚集在一起的设备中的相对定时和绝对定时。

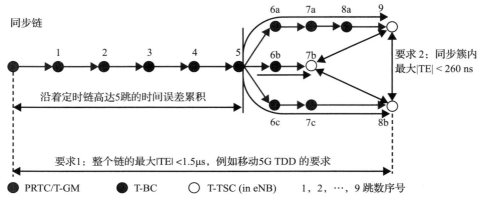

图 11-12   基于 ITU-T G.8271.1 的图 VII.1 的相对定时和绝对定时

如前所述，绝对要求（要求 1）仍然适用，但该图显示了相互协调的设备集群（站点 9、7b 和 8b）内额外的相对要求（要求 2）。在此拓扑中，定时信号来自距离边缘设备 7 ～ 9 跳的 PRTC/T-GM。

考虑到已经介绍的有关通过多个边界时钟后时间准确度会劣化，在多跳上提供要求 2 似乎非常具有挑战性。但是，请注意编号为 9、7b 和 8b 的站点都通过一个公共源节点 5 来获取它们的定时信号。由于该公共参考源距离集群只在 2 到 4 跳的距离，因此 PRTC/T-GM 和节点 5 之间的误差可以忽略，因为它对这个集群中的三个设备是常见的。相对要求并不像听起来那么繁琐，但仍然很困难。

考虑到跨多跳传输高度准确的相位 / 时间很困难，这个用例能否支持"全球导航卫星系统"的解决方案，即 RU 和 DU 都使用自己的 GNSS 接收机进行同步？对于 PRTC A 类设备的性能要求是，当根据适用的主要时间标准（UTC）进行验证时，其精度应在 100ns 以内或更好。这基本上是具有基础接收机的 GPS 系统所提供的精度水平。

这意味着，与从 DU 站点的另一个接收机输出的信号相比（一个可能是 +100，另一个是 –100），RU 站点的 GPS 接收机输出的时间可能最多有 200ns 的偏移。偏移量不太可能那么大，因为两个接收机彼此非常接近，并且很可能在非常相似的大气条件下追溯相同的卫星。然而，理论上它们可以偏离多达 200ns。根据 GNSS 芯片组供应商的说法，更实际的数字可能是这个数值的 30% ～ 40%，但不能保证。

这就是说，每个站点的 GNSS 可能无法满足 ±65ns 或 ±130ns 的相位对齐要求，因为 A 类 PRTC 不够准确。在这种情况下，使用 PTP 可能比单独的 GNSS 接收机更好。正是出于这个原因，ITU-T 定义了一种新的 PRTC 类别，称为 B 类 PRTC，它提供 40ns 而不是 100ns 的精度。为了实现这一目标，供应商正在采用技术来提高卫星系统的输出精度，包括双频段和多星座接收机。

对于较大的网络，与单独的 GNSS 接收机相比，越来越多的跳数会引入更多的时间误差，并且使用 PTP 感知的 FTS 设计可能无法满足非常严格的 CRAN 分组 FH 定时要求。根据拓扑和预算，更好的解决方案可能是 GNSS（在 FH 中有更多跳数）或 PTP（在 FH 中跳数更少）。确切的分界线将取决于节点的 T-BC 性能水平和传输系统中的定时误差。正是这种情况导致了 G.8273.2 中采用了 T-BC 的 C 类精度要求。

请注意，在本章中，术语 SyncE 用于指代在分组网络中物理传输频率的 SyncE（G.8262）和 eSyncE（G.8262.1）建议。SyncE 的使用已被广泛接受，采用 eSyncE 的势头也越来越强；未来几年内，eSyncE 将成为默认选项。目前，在与 C 类 T-BC 时钟结合使用的 FH 网络中，使用 eSyncE 而不是 SyncE。

有关 T-BC 性能的更多信息，请参阅第 8 章中有关 G.8273.2 的部分。有关 PRTC 的更多详细信息，请参阅 3.3 节。PRTC 和 ePRTC 的性能细节分别在 G.8272 和 G.8272.1 中介绍。

11.5　定时安全和 MACsec

《5G 移动网络的同步（上册）》第 7 章中 7.6 节讨论了为基于 PTP 的定时分发实施安全保护的利弊。还涵盖了 IEEE 1588-2019 版 PTP 中新采用的安全功能。请参阅 IEEE 1588-2019 的 16.14 节 "PTP 集成安全机制" 以及同一文档中的信息附录 P。

然而，《5G 移动网络的同步（上册）》第 7 章也解释了加密 PTP 消息几乎没有用处，因为消息中的数据是众所周知的，甚至加密的 PTP 消息也可以很容易通过其行为和大小检测出来。而且还指出，相比复杂的技术攻击，延迟攻击是一种更简单有效的破坏 PTP 定时信号的方法。

在前几代移动网络中，运行网络的大部分设备基本上都在 MSP 的控制之下。其中大部分设备都被安置在大型的、受保护的设施中，而基站是位于塔底的一个上锁的容器，周围有带刺的铁丝网，有摄像头监视，并装有警报器。两者之间的连接要么是埋在地下的电缆，要么是塔顶和建筑物顶部的微波天线。

随着 5G 网络的日益密集化以及在各种设施中采用更多小基站无线设备，MSP 无法再保证部分网络的物理安全。这意味着第三方更容易访问连接到设备中的链路，甚至设备本身，在 FH 和 MH 中尤其如此。

出于这个原因，大多数 MSP 正在考虑对其 RAN 的部分进行加密，以防止用户或控制平面的数据被拦截或更改。几乎所有用户数据都在高层加密，或由应用程序加密，但这并不会改变遭受破坏的事实。同样，一些国家的监管机构要求对传输网络的各个部分进行加密，以保护用户的数据完整性。

11.5.1　PTP 安全

当前版本的 ITU-T 电信配置文件未采用 PTP 标准的 IEEE 1588-2008 版本中的任何安全机制。随着 IEEE 1588-2019 版本中新安全附录 P 的发布，人们预计某些安全功能将被纳入电信配置文件的未来修订版中。出于这个原因，11.5.2 节概述了实现更安全的定时传输版本的一些基本要素。

在 1588 标准的新版本中，已经开发了一种多管齐下的安全方法，并在信息附录 P 中进行了描述。对于 PTP 来说，所有机制都是可选的，在标准实施中不是必需的（并且尚未被电信配置文件采用）。多个分支可以并行应用；它们并不相互排斥。附件 P 中的方法有以下四个分支：

- 分支 A：认证字段和安全处理。
- 分支 B：传输加密和安全。
- 分支 C：架构指导。
- 分支 D：监控和管理。

接下来详细讨论这些概念，并研究如何将它们应用于未来的部署。重点是，使用 MACsec 对传输链路进行加密。

分支 A：认证字段和安全处理

该分支包括使用一个字段携带接收机使用的校验和，以增强定时信号安全性的方法。

- IEEE 1588-2019 的 16.14 节描述了一种可以附加到消息中的类型、长度、值字段（TLV）。这个 TLV 字段包括一个完整性校验值（ICV）或哈希，可以用于验证消息的来源，并确认消息在传输过程中未被更改。PTP 消息中的标准数据字段都没有被加密，只有这个添加的校验值使接收机能够确任它接收到的数据没有被更改。

- ICV 的生成和验证需要发送方和接收方的共享密钥。这种生成和共享密钥的方法目前超出了标准的范围，但它需要为密钥生成和分发构建强大且安全的基础设施。

分支 B：传输加密和安全

该分支包括通过加密传输中的 PTP 消息，以增强定时信号安全性的方法。有两种可能的方法来实现这一点：

- IPsec：IP 安全提供了一种安全机制来保护网络层（第 3 层，即 IP 层）的数据。这使得将 IPsec 用于那些使用 IP 进行传输的 PTP 配置文件（即 G.8265.1 和 G.8275.2）成为可能。这个方法不适用于 PTP 的第 2 层配置文件（例如 G.8275.1）。

  IPsec 是作为端到端加密实现的，这使得在路径中使用 T-TC 几乎是不可能的，因为它无法读取 PTP 消息并更新校正字段。在路径中增加一个 T-BC 也很困难，因为 IPsec 需要大量硬件资源，才能满足线速加密所需的速度（例如 T-BC 上的多个 10GE 或 25GE 链路）。

- MACsec：媒体访问控制安全提供了一种安全机制来保护链路或 MAC 层（第 2 层）或以太网层的数据。这意味着 MACsec 可用于 PTPoE 配置文件（例如 G.8275.1）以及所有 PTPoIP 配置文件。

  MACsec 通常在接口的硬件中实现，任何合理的实现都提供了以接口线速运行的能力（尽管 MACsec 增加了额外的字节，稍微降低了吞吐量）。当然，实现这个方法所需的硬件增加了部署网元的成本，因为 MSP 必须安装只支持 MACsec 的设备。

图 11-13 说明了 IPsec 和 MACsec 实现之间的基本差别，也显示了 MACsec 是"逐跳"方法，而 IPsec 是"端到端"方法。采用 IPsec 方法的中间节点永远不会透明地看到数据内容。另一方面，MACsec 在数据进入链路时对其进行加密，并在另一端对其进行解密，因此数据在传输节点处是透明的。图 11-13 并不建议这两种方法一起实施。

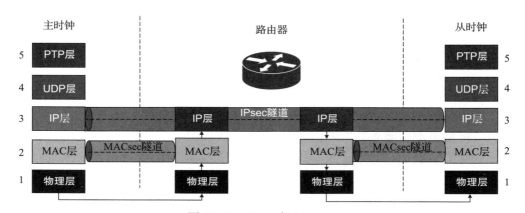

图 11-13   IPsec 与 MACsec

让数据处于透明状态并不视为最好的安全性，但对于基于分组的定时来说，这是一个优势，因为它允许 T-BC 和 T-TC 在定时信号经过节点时提供路径支持。

加密 PTP 消息传输的缺点是，消息的加密和解密过程会引入可变延迟，从而影响时间准确性。后续 11.5.3 节将提供更多详细信息。

分支 C：架构指导

该分支包括通过实施和设计提高定时信号可靠性的架构方法，包括：

- 冗余主时钟，以防主时钟出现故障或受损。
- 冗余链路，以防链路出现故障或受损。
- 冗余时间源和路径（例如，通过使用多个独立的时间源）。这种部署形式在移动定时的情况下并不常见；通常，运营商只部署 GM 和路径 / 链路的冗余。

本书在不同的主题下对这些问题进行了很多讨论。

分支 D：监控和管理

这个分支包括用于确保定时解决方案的安全性、准确性和完整性的监控和管理方法。IEEE 1588-2019 的附件 J 中描述了几个可用于性能监控的参数。通过观察这些参数，并分析它们的异常情况，例如意外的数值或不可预见的变化，可以生成警报并采取行动。

第 12 章提供了更多关于操作部署和定时验证的内容。

11.5.2　IEEE 1588-2019 的完整性验证

ICV（来自分支 A）是通过应用加密哈希函数来计算的，以确保接收方可以检测到对消息未经授权的修改。携带此值的 AUTHENTICATION_TLV 被添加到正在验证的 PTP 消息中。ICV 是根据密钥分发机制在协商安全参数时选择和共享的安全算法计算的。图 11-14 显示了 TLV 的格式。

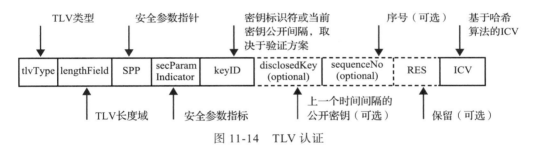

图 11-14　TLV 认证

ICV 机制的实施者必须至少支持联邦信息处理标准（FIPS）PUB 198-1 中所定义的 HMAC SHA256-128 算法，该算法结合使用 SHA-256 哈希与缩短为 128 位输出的密钥哈希消息身份验证码（HMAC）。HMAC 代码也用于 IPsec 实施以及传输层安全（TLS）加密包，传输层安全（TLS）加密包是 Web 浏览器、电子邮件和其他网络加密方案的基础。

HMAC 是一种消息身份验证哈希或校验和，它结合了密码哈希函数和秘密加密密钥。这样，HMAC 可用于验证数据的完整性并确保源的真实性。因为哈希包含一个密钥（之前通过密钥交换共享给发送方和接收方），所以窃听者无法重新计算 ICV，也不能修改数据而不被接收方发现。当然，密钥必须对任何窃听者保密，否则他们可以在更改消息中的数据后重新计算有效的 ICV。

有两种处理方案建议用于使用 ICV 进行完整性验证。它们的名称和主要特点如下：

- 即时安全处理：所有中间节点和终端节点都预先共享了当前密钥，通过标准密码技术可以立即验证 PTP 数据。
- 延迟安全处理：用于生成 ICV 的密钥仅在 ICV 不再使用后才分发（并且不能用于生成新的 ICV 字段）。这样将来某个时间密钥被替换时，时钟可以验证已经接收到的 PTP 数据。这种方法要求接收方存储消息，直到所需密钥被共享，然后才能验证存储的 PTP 消息。

当然，在延迟安全处理模式下，没有当前密钥，就不可能在不使 ICV 失效的情况下修改中间透明时钟的校正字段（CorrectionField）。规避该问题的一种方法是，在计算哈希时假设可更新字段（如 CorrectionField）为零，这就是说，可以更改这些字段而不会使 ICV 失效——这似乎违背了整个方案的初衷。

如图 11-14 所示，也可以在同一消息上结合这两种方法，这样 PTP 消息可以包含两个 TLV，一个用于立即处理，一个用于延迟处理。TLV 还包括一个序列号以防止重放攻击（重新发送以前传输过的消息，以误导具有过期时间戳的从时钟）。

IEEE 1588-2019 中定义了两种基本的密钥分发方法：

- GDOI：组解释域，RFC 6407，是应用于组密钥分发的方案，以支持 PTP ICV 身份认证的即时安全处理。
- TESLA：定时高效流容错认证，RFC 4082，是使用延迟安全处理时应用的方案。这是一种非常巧妙的安排，允许立即认证消息的来源，但推迟对内容的验证处理，直到前一个密钥间隔的密钥过期。

对这些机制和字段的进一步讨论超出了本书的范围，尤其是因为它们尚未被主要配置文件采用。这是背景信息，可让读者了解哪些内容可能会出现在流行的配置文件中。有关 ICV 和 AUTHENTICATION TLV 的更多信息，请参阅 IEEE 1588-2019 标准的 16.14 节。

11.5.3　MACsec

如前所述的原因，越来越多的 MSP 正在寻求采用传输级安全（MACsec）来保护其网络中的信息，尤其是因为相比之前，网元可能更容易被非授权人员访问。这不仅是 MSP 的问题，也是有线运营商的问题，因为他们越来越多地采用通用的基于分组的传输标准，例如以太网。以前，只有非常专业的黑客才能访问设备以窃听电缆协议或异步传输模式（ATM）单元，但现在以太网设备无处不在。

互联网的骨干网链路，例如数据中心与云服务之间的高速连接，越来越多地采用加密，最常部署的保护"动态"数据的技术是 MACsec。MACsec 协议最初由 IEEE 802.1AE 在 2006 年定义，现在在最新版本 IEEE 802.1AE-2018 中进行了规定。因为它用于保护连接数据中心和云服务所需的超高速数据速率，所以 MACsec 几乎支持接口的全线速率。

在传输时，MACsec 将现有的以太网帧作为输入，并将其转换为 MACsec 帧，在 MACsec 安全标签和验证字段中添加少量数据。图 11-15 显示了 MACsec 帧格式，其中 SA 和 DA 是以太网帧的源和目的（MAC）地址，FCS 是帧校验序列。

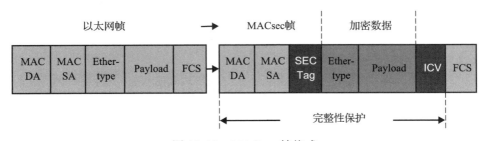

图 11-15　MACsec 帧格式

MACsec 标签插入以太网类型字段之前或 ICV 插入 FCS 之前，MACsec 既支持单独使用（针对 ICV）完整性检查，也支持其与有效载荷的加密相结合。

在接收到 MACsec 帧时，网元会验证 ICV 字段并解密 MACsec 帧（如果已加密）。当 NE 确定出口方向时，如果该路径配置为应用 MACsec，则（可选）对消息进行加密，计算 ICV，并将带有 MACsec 标记的消息沿链路转发到下一跳。

MACsec 安全标签包含少量信息，其中最重要的是分组编号。此分组编号用于防止重放攻击。该编号之前是 32 位的值，但对于非常高速的链路，现在有一个 64 位的扩展分组编号，可以降低使用较小值时产生序号重置的频率。它还包含一个 Ethertype（88:E5）用以指示此帧现在是 MACsec 帧。

因此，MSP 正在考虑在那些可能容易被拦截的站点中部署 MACsec，这对
PTP 定时信号的传输提出了一些挑战。当 PTP 消息使用 MACsec 进行保护时，就
会引入时间误差效应：

- 恒定时间误差（cTE），由于在单个节点上加密和解密 PTP 消息所需时间不同。
- cTE，由消息在接收和发送时对时间戳的选择而产生的不对称性。
- cTE，由于在链路一端加密消息所需时间与在另一端解密消息所需时间不同。
- dTE，由于加密和 / 或解密连续消息的时间不同。

使用两步时钟有可能减轻这些影响，但很大程度上取决于进行加密的物理部件
（通常是 PHY）的能力。图 11-16 和图 11-17 分别详细说明了在一步和两步时钟上
与 MACsec 结合时的时间戳问题。

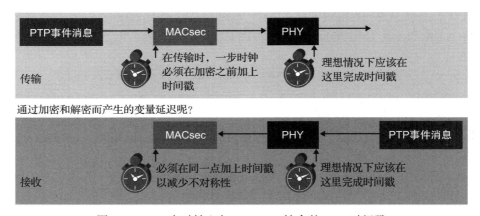

图 11-16　一步时钟上与 MACsec 结合的 PTP 时间戳

使用两步时钟，在同步消息之后立即发送的 Follow_Up 消息中返回 T1 时间
戳，可以在一定程度上缓解一步时钟实现的问题。这样，PHY 就不必在进行加密
之前为传输时间写入准确的估计值。

图 11-17 说明了该过程如何使用两步时钟。

在两步时钟中，PHY 必须能够确定哪些加密分组是需要进行时间戳标记的 PTP
消息，并与生成 Follow_Up 消息的组件共享该信息。同样，在接收时，PTP 必须
尝试确定哪些分组是 PTP 消息，并将接收时间戳转发给 PTP 消息的发送方以匹配
传入消息。

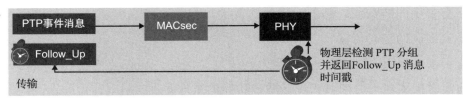

PHY如何识别已加密的PTP消息？

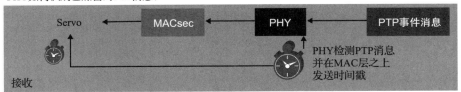

图 11-17　两步时钟上与 MACsec 结合的 PTP 时间戳

MACsec 结合 PTP 的问题可以总结如下：

- 必须在分组通过 MACsec 模块之前将时间戳插入分组中，然后不能修改分组。因此，对于一步时钟，使用基于 PHY 的时间戳是行不通的。可以尝试预测加密将花费的时间，并在加密之前使用预测的（未来）传输时间为 PTP 消息添加时间戳。一些供应商声称这样做的效果很好。

- 两步时钟可能有助于缓解这个问题，并且仍然使用 PHY 时间戳，但是如果分组被加密，PHY 将无法将传出的 Sync 识别为 PTP 消息，因此需要使用其他方法在网元内部标记 PTP 消息。

- 即使仅使用完整性检查（不使用加密），并且 PHY 具有 MACsec 意识，仍然需要读出时间戳并应用于 Follow-Up 消息，这样会使实现复杂化。

- 在接收方面，PHY 不会将加密分组识别为 PTP，因此必须为每个分组加上时间戳，然后与 MACsec 处理后的正确分组时间戳匹配。已经有一些硬件实现这样做了（存储时间戳，直到分组被识别为 PTP），因此并非不可能，但确实会使硬件设计变得复杂。

- 如果 PHY 具有 MacSec 意识，它可能能够识别一个只使用完整性检查（无加密）的 MACSec 分组。

这一切意味着什么？这意味着在启用 MACsec 的链路上使用 PTP 不会产生与未使用 MACsec 的链路相同的精度。因此，目前的选择是以下两种情况之一：

- 有安全的链路。
- 有准确的定时传输。

几年来，PHY 供应商一直在努力解决这个问题，现在业界已经有了可以在可接受的定时精度水平上同时实现这两种功能的组件。

需要吸取的教训是，除非已经确认，否则不应该期望在启用了 MACsec 的链路上，运用 PTP 机制可以提供精确的相位 / 时间。购买一个顶级质量 T-BC，性能达到 C 级水平，但在 MACsec 实施中会失去 200ns 的时间准确度，这样做没有什么意义。

参考文献

3GGP. "Evolved Universal Terrestrial Radio Access (E-UTRA); Base Station (BS) radio transmission and reception." *3GPP*, 36.104, Release 16 (16.5.0), 2020. https://www.3gpp.org/DynaReport/36104.htm

IEEE Standards Association

"IEEE Standard for a Precision Clock Synchronization Protocol for Networked Measurement and Control Systems." *IEEE Std 1588-2002*, 2002. https://standards.ieee.org/standard/1588-2002.html

"IEEE Standard for a Precision Clock Synchronization Protocol for Networked Measurement and Control Systems." *IEEE Std 1588-2008*, 2008. https://standards.ieee.org/standard/1588-2008.html

"IEEE Standard for a Precision Clock Synchronization Protocol for Networked Measurement and Control Systems." *IEEE Std 1588-2019*, 2019. https://standards.ieee.org/standard/1588-2019.html

"IEEE Standard for Local and metropolitan area networks-Media Access Control (MAC) Security." *IEEE Std 802.1AE-2018*, 2018. https://standards.ieee.org/standard/802_1AE-2018.html

"IEEE Standard for Local and metropolitan area networks — Time-Sensitive Networking for Fronthaul." *IEEE Std 802.1CM-2018*, 2018. https://standards.ieee.org/standard/802_1CM-2018.html

"IEEE Standard for Local and metropolitan area networks — Time-Sensitive Networking for Fronthaul – Amendment 1: Enhancements to Fronthaul Profiles to Support New Fronthaul Interface, Synchronization, and Synchronization Standards." *IEEE Std 802.1CMde-2020*, 2020. https://standards.ieee.org/standard/802_1CMde-2020.html

International Telecommunication Union Telecommunication Standardization Sector

(ITU-T)

"G.8273.2: Timing characteristics of telecom boundary clocks and telecom time slave clocks." *ITU-T Recommendation*, 2020. https://handle.itu. int/11.1002/1000/14507

Smith, J. "Cell-Tower.jpg." Wikimedia Creative Commons, Attribution-Share Alike 2.5 license (https://creativecommons.org/licenses/by-sa/2.5). https://commons. wikimedia.org/wiki/File:Cell-Tower.jpg

SMPTE. "SMPTE Profile for Use of IEEE-1588 Precision Time Protocol in Professional Broadcast Applications." *SMPTE ST 2059-2:2015*, 2015. https://www.smpte.org/

U.S. Department of Homeland Security. "Report on Positioning, Navigation, and Timing (PNT) Backup and Complementary Capabilities to the Global Positioning System (GPS)." *Cybersecurity and Infrastructure Security Agency*, 2020. https://www.cisa.gov/sites/default/files/publications/report-on-pnt-backup-complementary-capabilities-to-gps_508.pdf

"Q13/15 – Network synchronization and time distribution performance." *ITU-T Study Groups*, Study Period 2017-2020. https://www.itu.int/en/ITU-T/ studygroups/2017-2020/15/Pages/q13.aspx

Internet Engineering Task Force (IETF)

Arnold, D., and H. Gerstung. "Enterprise Profile for the Precision Time Protocol with Mixed Multicast and Unicast Messages." *IETF*, draft-ietf-tictoc-ptp-enterprise-profile-18, 2020. https://tools.ietf.org/html/draft-ietf-tictoc-ptp-enterprise-profile-18

Mills, D. "Network Time Protocol (NTP)." *IETF*, RFC 958, 1985. https://tools.ietf.org/ html/rfc958

Mills, D. "Network Time Protocol Version 3: Specification, Implementation and Analysis." *IETF*, RFC 1305, 1992. https://tools.ietf.org/html/rfc1305

Mills, D. "Simple Network Time Protocol (SNTP) Version 4 for IPv4, IPv6 and OSI." *IETF*, RFC 4330, 2006. https://tools.ietf.org/html/rfc4330

Mills, D., J. Martin, J. Burbank, and W. Kasch. "Network Time Protocol Version 4: Protocol and Algorithms Specification." *IETF*, RFC 5905, 2010. https://tools.ietf. org/html/rfc5905

Perrig, A., D. Song, R. Canetti, J. Tyger, and B. Briscoe. "Timed Efficient Stream Loss-Tolerant Authentication (TESLA): Multicast Source Authentication Transform Introduction." *IETF*, RFC 4082, 2005. https://tools.ietf.org/html/ rfc4082

Weis, B., C. Rowles, and T. Hardjono. "The Group Domain of Interpretation." *IETF*, RFC 6407, 2011. https://tools.ietf.org/html/rfc6407

MEF

"Amendment to MEF 22.3: Transport Services for Mobile Networks." *MEF*

Amendment, 22.3.1, 2020. https://www.mef.net/wp-content/uploads/2020/04/MEF-22-3-1.pdf

"Transport Services for Mobile Networks." *MEF Implementation Agreement*, 22.3, 2018. https://www.mef.net/wp-content/uploads/2018/01/MEF-22-3.pdf

Mills, D. *Computer Network Time Synchronization: The Network Time Protocol on Earth and in Space*. CRC Press, Second Edition, 2011.

Mills, D. et al. "Network Time Synchronization Research Project." *University of Delaware*, 2012. https://www.eecis.udel.edu/~mills/ntp.html

National Institute of Standards and Technology (NIST)

"Secure Hash Standard (SHS)." *NIST*, FIPS PUB 180-4, 2015. http://dx.doi.org/10.6028/NIST.FIPS.180-4

"The Keyed-Hash Message Authentication Code (HMAC)." *NIST*, FIPS PUB 198-1, 2008. https://doi.org/10.6028/NIST.FIPS.198-1

Rohanmkth. "Small Cell by Samsung.jpg." Wikimedia Creative Commons, Attribution-Share Alike 4.0 International license (https://creativecommons.org/licenses/by-sa/4.0/deed.en). https://commons.wikimedia.org/wiki/File:Small_Cell_by_Samsung.jpg

验证定时解决方案和现场测试

前面章节已经涵盖了部署定时解决方案的理论、移动部署的需求和设计，以及支持构建定时解决方案各个方面的 ITU-T 建议。本章将介绍定时解决方案的设计、构建、获取、认证和运行。

本章旨在密切关注运营商在实际部署定时解决方案时应遵循的顺序，以及其中的经验教训。接下来将给出一些实用建议。12.3 节详细介绍了定时测试。接着描述了自动化和保障。一旦订购设备，网络工程师将对设计进行微调，网络运营人员必须了解配置、解决方案、监控网络和验证是否接收到准确的定时信号。最后描述了潜在的部署难题和一些可能出现的日常操作问题，包括监控网络时间的设备（探测器），以及隔离任何故障的现场远程测试部分。还有一部分是关于理解 GNSS 接收机和故障排除的细节信息。

12.1 定时解决方案的硬件和软件要求

对定时传输的要求正朝着高精度和准确度的方向发展。这意味着设计定时分发网络时必须精心仔细，以便定时信号在跨越多个网络节点和各种网络条件后，仍满足总体同步要求。

即使网络能够适当承载定时信息，传输时钟同步的设备也需要进行特殊的设计考虑，以提供同步服务。这就需要选择正确的硬件组件，并将系统精度损失降至最低。

本节介绍 PTP 感知节点的构建，以及如何组合这些组件以满足性能要求。制作一个良好的 PTP 时钟不仅仅是把现有的组件连接在一起，还需要良好的硬件与丰富的软件相匹配，最小化时间误差（TE）且最大化所需的性能，最终把它们组成一个系统。

在设计支持频率和相位同步的设备时，频率同步和相位同步都需要单独的工程设计。接下来将讨论主要的硬件和软件组件以及每个组件的参考架构。

12.1.1　同步设备定时源

在讨论同步设备的硬件和软件架构之前，先来了解时钟的核心硬件组件，一种称为同步设备定时源（SETS）的设备。该设备提供了必要的控制来管理同步设备的定时参考、时钟恢复和时钟信号生成。

ITU-T G.8262、G.8262.1、ITU-T G.813 分别对同步以太网设备时钟（EEC）、增强型以太网设备时钟（eEEC）、SDH 或同步设备时钟（SEC）的性能要求进行了定义。SETS 设备的主要组件如图 12-1 所示。

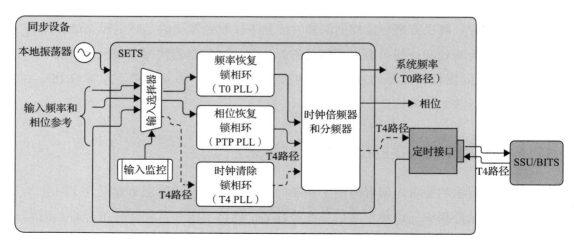

图 12-1　SETS 设备的主要组件

近期的设备设计不再只有一个系统锁相环（PLL），而是有多个系统锁相环。在同步设备中，一个好的且通用的 SETS 设备通常配备频率恢复锁相环、相位恢复锁相环和时钟清除锁相环，如图 12-1 所示。

- 频率恢复锁相环：该锁相环也称为 T0 锁相环，用于恢复整个系统的频率参考信号。该锁相环从选定的参考频率中恢复频率，并将输出恢复的频率作为系统频率。输出频率被馈送到不同的端口（例如启用同步的端口），以及系统中需要恢复频率的其他组件。

- 相位恢复锁相环：该锁相环是 SETS 设备的一个单独的锁相环，能够与频率恢复锁相环一起独立恢复相位。相位恢复的参考源可以是输入设备的参考相位信号，例如来自嵌入式 GNSS 接收机端口的 IPPS 信号或设备上专用 1PPS 端口。有关 1PPS 的详细信息，请参阅《5G 移动网络的同步（上册）》第 3 章。在没有这些参考源的情况下，PTP 的从设备软件使用相位恢复锁相环中在 PTP 分组中恢复相位，并为相位提供独立于频率的单独 PLL，以保持相位和频域的分离，这有助于在网元（NE）上实现良好的"混合模式"功能。通过独立的 PLL，网元还能够同时向下行时钟输出单独的频率和相位。请记住，术语"混合模式"指的是 PTP 的相位恢复，而"频率同步"来自物理频率源。

  一些 SETS 设备在频率 PLL 和相位 PLL 之间也有连接，以将恢复的频率或相位信号从一个 PLL 馈送（或接收）到另一个 PLL。例如，尽管相位 PLL 可能有助于从 PTP 分组中恢复相位，但相位 PLL 也需要一个频率参考（例如，同步输入）来驱动整个系统的相位和频率。

- 时钟清除锁相环：该锁相环的主要功能是将输入定时参考传递到一个专用的输出定时端口，以便进行外部监控或通过外部同步电源装置 / 大楼综合定时供给（SSU/BITS）设备进行时钟清除。（参见《5G 移动网络的同步（上册）》6.2 节，了解有关时钟清除的更多详细信息。）

  该 PLL 通常锁定到与频率恢复锁相环分离的外部频率源，并在单个特定端口上输出 T4 路径，如图 12-1 所示。请注意，对于时钟清除情况，T4 路径能将所选输入参考频率传递到外部 SSU/BITS 设备。然后 SSU/BITS 设备可以通过相同的 SSU/BITS 端口将清除后的时钟反馈给设备。同步设备可以使用该清除时钟作为 T0 路径的输入参考，然后将其用作系统频率的输入。使用此模式时，请注意不要生成定时循环。

- 输入选择器：由于设备可以有多个频率源，SETS 设备通常包含一个输入选择器以选择一个频率源，并将该信号传输到频率恢复锁相环。SETS 设备还提供监控所有可用参考源的功能，以在频率选择过程中选择最佳输入频率源。

- 时钟倍频器和分频器：时钟倍频器和分频器用于将时钟信号的频率按倍数进行更改，以产生固定的参考时钟频率，这些频率可以馈送到设备的不同组件（需要不同的频率来工作）。例如，千兆以太网接口需要 125 MHz，同时，10 MHz 前面板端口要求频率为 10 MHz。

因此，SETS 设备可以获取多个频率和相位输入，从这些输入中选择频率和相位参考源，然后将锁定的多个频率和相位信号输出到配置的参考源。它还提供监控时钟质量和时钟信号故障条件的功能，从而允许软件采取适当的措施来选择下一个最佳参考源。

12.1.2 频率同步时钟

如前所述，网络设备可能有许多频率源（出于冗余和弹性目的）。这些频率源主要可分为以下两类：

- 外部定时接口：系统的专用外部定时接口仅用于频率同步，而不用于数据传输。BITS 和 10MHz 端口（来自主参考时钟 / 主参考源或 GNSS 接收机上的 10 MHz 接口）是专用定时接口的示例。

- 线路定时接口：该接口不仅承载网络数据，还承载定时信息。近年来，支持同步以太网（SyncE）的以太网接口是最常见的传输频率和数据的线路定时接口。

用于时钟同步的网络设备需要能够支持这两种接口，并可最小化用于时钟同步的端口限制。例如，网元上的所有以太网端口都能够同步，并且设备允许配置从这些端口中任何一个恢复频率。

图 12-2 所示为同步设备的中频率同步的 SETS 架构，它包括了支持同步的以

太网接口（在前面板上）、外部定时接口（如 SSU/BITS 和 10 MHz 接口）、带有一个用于外部天线连接器的嵌入式 GNSS 接收机等。

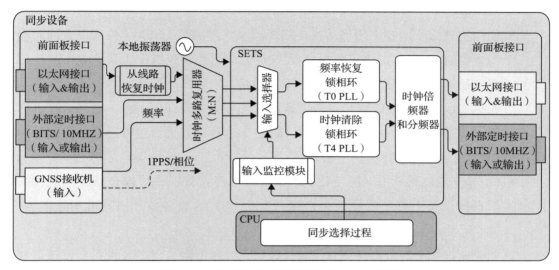

图 12-2　同步设备中频率同步的 SETS 架构

请注意，图 12-2 中的一些接口（如 SSU/BITS 和 10 MHz）可以配置为输入（接收频率输入）或输出（输出系统频率）接口。当然，来自 GNSS 接收机的接口只能作为 NE 的输入。还要注意，图 12-2 显示了左侧和右侧的前面板端口，它们是同一组端口（为了清晰进行了单独显示）。任何一个端口执行输入或输出的能力都应该是灵活的，并由配置控制。由于仅讨论频率同步，为了方便和简单，图 12-2 中省略了相位恢复锁相环。

以下是基于图 12-2 的频率同步所需的硬件和软件架构的显著特征。

- 虽然频率恢复锁相环（位于 SETS 设备内部）可进行单个频率源锁定，但设备可以有多个频率源。这些频率源通常在硬件设备（如现场可编程门阵列（FPGA））中进行多路复用，以便仅将其中的少数频率源馈送到 SETS。

  对于图 12-2 的时钟多路复用器，考虑一个具有数十个以太网接口的 NE（均支持 SyncE），而 SETS 设备仅支持少量（5 ～ 7）的输入参考。在这种情况下，基于 FPGA 的时钟多路复用器充当初始频率源选择器，根据软件配置将所选输入切换到输入选择器。

- SETS 设备有一个输入选择器，用于为系统选择参考源，以及连续监控输入参考。图 12-2 所示的 SETS 设备中的输入监控模块会更新软件中的时钟质量状态。

- 使用物理方法的频率传输通常伴随着同步状态消息（SSM）位或以太网同步消息信道（ESMC）协议数据单元（PDU）。这些消息携带质量等级（QL）信息，描述了在物理层上携带的频率源质量。

  根据 QL 值、物理链路状态和设备配置，可选择最佳频率源。这种选择也称为同步选择过程，定义见 ITU-T G.781。这种同步选择过程通常在控制平面 CPU 上运行的软件模块中实现。

- QL 值（或链接状态）的变化会触发同步选择过程，该过程包括在重新排列后选择设备上可用的最佳频率源。为此，SETS 设备监控所有可用频率源，并在必要时触发软件模块以执行同步选择过程。

  如果所选频率源的时钟质量下降（或物理链路下降），SETS 设备会将该信息传递给软件模块。然后，软件模块根据该事件启动新的同步选择过程。

- 图 12-2 中 SETS 设备使用本地振荡器锁定任何输入并生成任何输出同步频率。请参阅《5G 移动网络的同步（上册）》第 6 章，了解不同类型振荡器及其对时钟恢复准确度、稳定性和精度的影响。在构建良好的同步设备时，建议使用良好的 3E 层炉控晶体振荡器（OCXO）或温度补偿晶体振荡器（TCXO）。

12.1.3 时间和相位感知时钟

随着相位同步成为移动网络的关键要求，网元的硬件和软件设计已经演变为对时间和相位的感知。虽然时间和相位可以通过 PTP 分组单独传输，但网络定时工程师可能会遇到不同的情况，仅基于分组的时间 / 相位传输不能完全满足要求，第 11 章涵盖了许多备用部署拓扑。

为了支持多种不同的移动网络拓扑，网元需要支持多种从外部源接收时间和相位的方式。这些外部源包括一个 GNSS 接收机（提供时间和相位）或日期时间（ToD）和 1PPS 输入专用端口。

如果系统包含嵌入式 GNSS 接收机，前面板上的天线端口就可以直接连接到外部天线。接收机将为网元提供 ToD 和 1PPS 信号（除 10 MHz 频率信号），以生成 PTP 和 SyncE。这些信号几乎总是在设备内部，因此很难监控接收机和设备之间的信号。

网元还应支持专用的 1PPS、10MHz 和 ToD 端口，以接收来自外部时钟和定时源的相应信号。出于测量原因，网元还应支持将这些端口用作输出和输入。图 12-3 所示为同步设备中相位和时间同步的 SETS 架构。

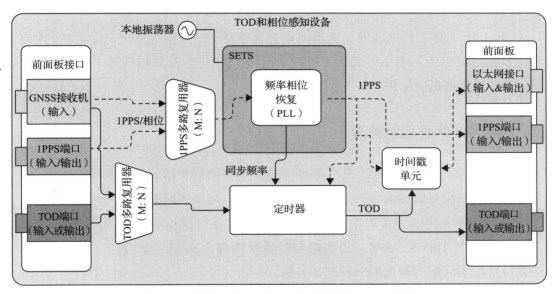

图 12-3　同步设备中相位和时间同步的 SETS 架构

由于可以有多个 TOD 和 1PPS 输入（来自网元的不同前面板端口），因此使用基于硬件的多路复用器（通常在 FPGA 中实现）来从配置的端口中选择输入。1PPS 多路复用器的设计较复杂，因为多路复用器不应延迟 1PPS 信号，并同时将其传递给 SETS 设备中的相位锁相环（任何延迟都会导致相位误差）。

位于 SETS 设备内的锁相环从 1PPS 输入恢复相位。如图 12-3 所示，SETS 设备使用恢复的相位生成 1PPS 信号供内部使用，同样的 1PPS 信号也可以路由到外部 1PPS 端口输出。这使工程师可以通过使用外部相位测量设备快速检查设备的相位偏移（参见 12.5.5 节）。

SETS 设备输出的 1PPS 信号也传输到系统上的其他硬件组件。需要 1PPS 信号的主要组件是定时器和时间戳单元（TSU），这些组件使用 1PPS 信号来维护系统的准确时间。在整个网元中维护和分发精确的时间需要仔细的硬件设计。

在没有 PTP 的情况下，通过外部 1PPS 和 ToD 信号的组合，周期性地从外部源接收日期时间（例如每秒一次）。然而，在更新期间，日期时间为保持良好的准确性，需要以正确的频率向前滚动。为了实现这一点，日期时间会保存硬件中（通常在 FPGA 中实现，尽管有些设备也具有保持当前时间的能力），为其提供同步频率，以便准确地推进时间。图 12-3 将此功能表示为定时器。

与 1PPS 一样，日期时间的值也需要分发给网元的其他组件。一个很好的例子是将日期时间以值的表示形式从定时器加载到 TSU 中，然后将其用于 PTP 分组的时间戳（通常该机制使用 TAI 时间刻度）。

12.1.4　PTP 感知时钟设计

到目前为止，本章分别介绍了频率、相位、时间同步的硬件和软件架构，现在是时候将这些独立的元素结合起来，完成一个具有完整定时支持的网元架构了。

完整定时支持通常作为支持 PTP 混合模式以及前面板端口的网元来实现，以从外部源接收 ToD 和 1PPS。因为它同时需要物理方法和 PTP 分组，所以网元将在其设计中纳入所有可能的时钟同步方法。

图 12-4 所示为完整定时感知同步设备的 SETS 架构。前面章节讨论了不同组件在具有完整定时支持的网元中是如何结合的。本节重点介绍支持完整时钟功能所需的设计，尤其是 PTP 组件。

PTP 设计用于在标准以太网网络上提供时间传输，同步精度为 10ns。这只有通过利用特殊的硬件组件来辅助 PTP 操作，并配合完善的软件算法才能实现。请记住，为了实现最精确的同步，系统设计师不仅需要正确选择硬件组件，还需将系统精度损失降至最低。在为同步服务设计网络时也是如此，参与此类网络的设备需要精心设计，以提供定时服务。

接下来将讨论设计一个良好 PTP 感知网元的不同方面。

硬件辅助时间戳

准确时间协议使用 PTP 事件消息中携带的时间戳来恢复相位（如果频率分布不通过物理层，还可以选择频率）。

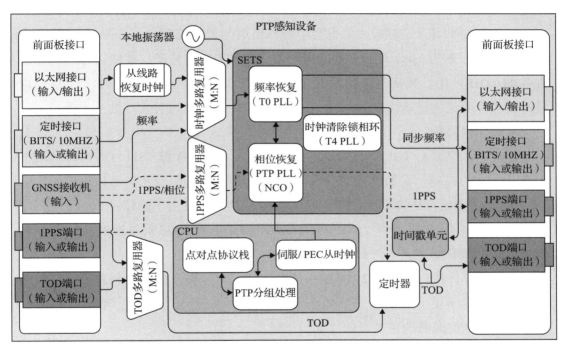

图 12-4 完整定时感知同步设备的 SETS 架构

为了达到最高精度，必须在分组离开前或分组到达后立即应用 PTP 消息的时间戳。尽可能靠近传输线路进行时间戳操作，以确保主时钟节点和从时钟节点之间的传输时间最小化。

基于硬件的时间戳是实现纳秒级精度所需的关键机制。PTP 的最佳实现只有在利用硬件组件辅助进行 PTP 事件分组时间戳时才能实现。此外，这些时间戳必须既准确，又使用了高分辨率、细粒度的时钟。

一方面，需要硬件时间戳引擎达到最佳精度（在纳秒或更好的范围内），并且不受软件引起的延迟影响。另一方面，基于软件的时间戳容易受到不可预测的中断和可变的操作系统延迟的影响，这种实现的最终精度将非常低（通常在毫秒范围内）。该硬件组件称为 TSU，位于以太网媒体访问控制（MAC）和以太网 PHY 收发器之间，以精确标记 PTP 分组的到达或离开时间。无论 TSU 的精确度（或不精确度）有多小，都可以在最终的相位精确度上直接观察到。每个 PTP 消息的时间戳越接近实际 ToD，PTP 的实现就越准确。

TSU 的分辨率（或颗粒度）也会影响分组时间戳的准确性。如果 TSU 可以表示的最小值限制为 1μs，那么时间戳将不能表示 TOD 的精度，即使它有一个完全准确的 TOD 可用。当从时钟使用 PTP 公式计算与主时钟的偏移量时，TOD 传输或时间戳中的任何抖动都会影响解决方案。回想一下，从时钟实现的公式是

主时钟偏移量 $= (t_2 - t_1 + t_3 - t_4)/2$

因此，如果来自 TSU 时间戳的分辨率为 1μs，这意味着 TSU 可以向时间戳添加高达 1μs 的抖动。在如此低的分辨率下，即使是完美的 PTP 实现和理想的传输（零分组延迟变化 [PDV] 和无链路不对称性），最终的精度也不能超过 500ns。

提示：*根据 IEEE 标准 1588–2019（第 7.3.4.2 条），时间戳应为事件消息时间戳点通过标记 PTP 节点和网络之间边界的参考平面的时间。*

有趣的是，IEEE 1588–2019 这一条款表明，对于消息的到达和离开，任何网元的时间戳边界必须在完全相同的点上。如图 12-5 所示，点 $t_{ingress}$ 和 t_{egress} 将是参考平面上记录时间戳的正确对称位置。

因此，即使在硬件辅助时间戳的情况下，如果接收和发送的 PTP 分组的时间戳点没有对齐，也会导致不对称性，从而降低恢复相位的准确性。如图 12-5 所示，其中不对称时间戳点标记为 $t_{ingress-skewed}$ 和 $t_{egress-skewed}$。

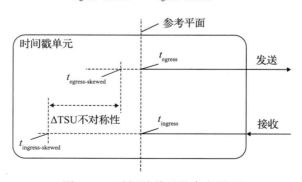

图 12-5 时间戳单元的参考平面

最后，在最小 TSU 分辨率下，应该可以通过分组特有的时间戳来识别链路上的每个分组。这要求时间戳分辨率必须小于传输最小的 64 字节以太网帧所需的时间。当然，传输 64 字节（或 512 位）分组所需的时间取决于链路速度。

包括 8 字节的前导码和 12 字节的最小帧间隔，最小帧在传输时变为 84 字节（即 672 位）。672 位在 10Gbit/s 链路上传输需要 67.2ns，在 40Gbit/s 链路上传输需要 16.8ns，在 100 Gbit/s 链路上传输需要 6.72ns。因此，对于支持 100Gbit/s 接口的 TSU，要求最小时间戳分辨率为 6ns。

软件：控制平面、伺服和分组处理

设计和实现 PTP 感知网元需要广泛的软件支持和良好的硬件。这些软件模块需要基于灵活的架构，以便能够适应标准制定组织（如 ITU-T 和 IEEE）不断发展的建议。

从软件的角度来看，PTP 感知网元需要三个关键元素。第一个是 PTP 协议栈，它通常作为软件模块在主机处理器上运行。下面介绍了 PTP 协议栈功能的一些特性（不完整），以提供在 PTP 协议栈中实现功能的概念。PTP 协议栈必须能够：

- 支持配置不同的 PTP 时钟节点类型，如普通时钟（OC）、边界时钟（BC）等。
- 基于节点的 PTP 配置设置 PTP 分组生成器和接收机，并指示传送到 PTP 对等体的各种消息字段的值。
- 追溯 PTP 对等体的状态，以管理与它们的通信。在从节点上，这将包括实现正确的最佳主时钟算法（BMCA）和类似功能。

系统设计师可以选择基于单独的专用处理器设计实现 PTP 功能，这将避免当主机处理器在 PTP 主节点上负载过重时出现问题。例如，它可能无法以所配置的 PTP 消息速率与其所有从节点通信。在从节点上，CPU 过载可能会导致响应时间不确定，当 PTP 分组未及时接收和处理时，这将成为一个问题。如果发生这种情况，PLL 将不会经常调整，这将降低恢复网络时钟的精度。

PTP 感知网元所需的第二个元素是 PTP 分组处理引擎。顾名思义，该引擎的主要目的是以配置或协商的速率生成和接收 PTP 分组。

PTP 感知网元的第三个关键元素是 PTP 伺服算法，通常简称为伺服。伺服算法的目标是使从时钟的相位和频率与主时钟的相位和频率同步。因此，高质量的伺服系统是实现高精度同步的关键组件。

锁相环是一种电子设备，它产生与输入时钟信号同步的输出时钟信号。对于频率同步，锁相环使用相位比较器，该比较器将输入信号的相位与输出信号的相位进行比较，生成基于电压的相位差。该电压被馈送至压控振荡器（VCO）以调整输出信号。通过这个过程，锁相环实现了基于输入信号调整输出频率的连续循环。

对于 PTP 和相位，伺服在软件中执行类似的环路，通过模拟锁相环（硬件组件）恢复频率来恢复相位。为了实现这一点，伺服算法需要一个称为软件控制锁相环的特殊硬件组件辅助。该锁相环也称为数控振荡器（NCO），因为其输出信号可以通过软件进行数字调整。这就像用数字调整时钟，比如增加某个特定数字的频率（百万分之一），或者调整一定程度的相位。

图 12-6 以简化的方式说明了 PTP 伺服环路。伺服算法的主要功能是检测相位信息（从主时钟接收）与其自身时钟相位之间的差异。根据差异，它调整 NCO 以缩小其时钟与主时钟的对齐范围。从主时钟接收的相位信息以时间戳的形式存在，相位差由从时钟计算主时钟偏移量的公式计算。

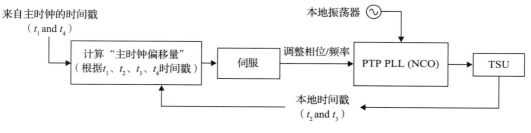

图 12-6   PTP 伺服环路

请注意，图 12-6 仅用于说明目的，伺服算法的实现远比所示的要复杂得多。事实上，改进伺服算法的实现一直是一个活跃的研究领域。例如，图 12-6 没有提到滤波功能（如基于 VCO 的 PLL 中的环路滤波器）和其他基本效率特性。影响伺服算法精度（以及最终节点精度）的几个因素如下：

- 传播延迟的不完全补偿（例如，网元内部传播路径的不对称性）。

- 发送端和接收端的时间戳抖动，例如由 TSU 的低分辨率或其他不准确性导致的结果。
- 用于网元的本地振荡器的质量和性能。

高效的伺服算法是 PTP 感知网元设计的关键因素。当然，这必须通过良好的硬件组件和准确的时间戳来实现。但是，一个好的伺服系统不能修复劣质的硬件，好的硬件也不能帮助劣质的伺服系统。

本节旨在介绍 PTP 感知和同步时钟的功能是如何实现的。可以看到，能够提供准确传输时间的节点能力不仅仅是代码行的问题，同样需要许多物理组件，这些组件必须满足自身的设计标准，而且这需要大量资金。

12.2 撰写需求建议书

本节将介绍构建定时网络所需设备的招标、选择和采购流程。大多数企业和运营商使用的机制是某种形式的需求建议书（Request For Proposal，RFP），即买方描述当前情况和预期结果，并邀请供应商提出全面的解决方案。供应商对 RFP 的响应包括商业和技术方面，技术方面包括系统性能和功能。

通常，作为招标的一部分，买方会提供一份详细的需求清单，这些需求由一系列问题构成，包括供应商对众多功能的支持程度。这些 RFP 需求的细节范围很广，从几张纸到数千个详细问题。RFP 需求清单中的定时子集也可以从几个一般性问题到数百个问题不等，涵盖了提议解决方案的各个方面。

通常，这些要求被分类为"强制性""可选择性""信息性"，以表明买方对特定功能或行为的重视程度。然后，供应商通过提供"符合""部分符合""未来发展方向""不符合"等答案来表示其对该需求的支持程度。一些 RFP 的条件表明，即使是"强制性"要求，仅一个"不符合"答案，也会消除整个提案。

从前面可以明显看出，定时不仅仅是一种软件解决方案。时钟的特性，尤其是性能，主要由硬件驱动。振荡器、锁相环和物理层等组件的选择至关重要；同样，时间戳准确性、信号不对称性、媒体类型、环境控制和总体系统设计都非常关键。网络中每个设备的综合性能会直接映射到链路末端的最终性能。

出于这个原因，编写 RFP 的工程师应该注意这样一个事实：许多定时功能，当然还有那些提高性能的功能，都需要花钱。当这些定时功能需要专门的硬件（成本不菲）来满足这一要求时，尤其如此。保持性能就是一个很好的例子（参见第 11 章）。供应商可以构建一个 PTP 感知网元，该网元可以在数周内保持 1μs 的持续对齐，但成本太高，很少有人购买（是的，RFP 需求中经常要求这种保持性能）。

因此，第一条建议是认真考虑解决方案所需的功能，不要制定强制要求，除非它真的不可或缺。例如，与在数千个低端网络元素中要求原子钟级别的性能相比，在定时设计中提供弹性和冗余的方法可能更好（当然也更便宜）。

另一方面，供应商也了解，运营商会为现有部署定义 RFP；因此，有时需要非常详细地定义需求，以确保需求与设想的部署场景保持一致或兼容。这是完全可以理解的，但请注意，定时特性通常依赖于硬件，而且定义不清的 RFP 最终可能需要更昂贵的设备。

第二条建议是允许供应商在设计解决方案时有一定程度的灵活性，并允许提出创新的解决方案。更好的方法可能是定义期望的结果，而不是过于具体地将供应商限定在传统的解决方案中。

总之，以下是一些建议，可以帮助你从下一个定时 RFP 中获得更好反映需求和预算的结果：

- 尽量将功能列表限制在需要的合理范围内。也许有一些可有可无的功能可以解决未来可能在少数情况下出现的问题，这是完全可以理解的，但最好不要将这些特性作为每类设备的强制性要求。

- 尝试根据拟用机器的类型和设备在网络中的位置来区分特征。对于超大核心路由器来说，一些网络、路由和冗余功能是标准的，但在基站路由器中是不需要的。定时功能也是如此，因此根据网络时钟的作用和位置来定制 RFP 问题可能会更有帮助。

- 有一些标准定义了定时解决方案的几乎每个方面：从网络拓扑到时钟行为和性能。例如，指定"根据 G.8273.2，电信边界时钟（T-BC）必须满足 B 类噪声产生"，而不是试图自己定义时钟性能，可以节省大量工作。如果标准的可选组件对你的解决方案很重要，请确保包含这些组件。

- 同样，要更加具体，避免以过于宽泛的方式概述功能，例如"必须支持 1588"，就非常模糊和不具体，几乎没有意义。这是一个容易遵守的要求，但它不会为网络定时解决方案选择更好的设备。

- 如果你对定时不太了解，请向知识渊博的人寻求帮助，他们可以帮助你为下一次采购列出更好的规范清单。RFP 通常有"必须支持 C 类振荡器"这样的要求，这是不可能满足的，因为没有这样的要求。

  回答 RFP 问题的人会礼貌地尝试回答问题，但这对于选择过程没有帮助，因为这实际上是一个有缺陷的问题。此外，在一个"一刀切"的样板文件中雇佣一名顾问，提出 500 个千篇一律的问题，这对识别每个角色的最佳产品毫无作用。

- 清楚地理解时钟需求和网络需求之间的区别。如"小区站点路由器必须支持 5G"或"聚合设备必须支持 G.8271.1"等要求并没有那么有用，因为它们是解决方案或网络需求。时钟可以"支持"这些标准和解决方案，但仍然是糟糕的 PTP 和同步时钟。

- 对于指定架构和概念的定时标准，也存在类似的问题。其中一些层级过高，通过提问并不会了解到任何事。还有些标准是概念化的，几乎不可能不符合。这些问题的答案并不能帮助你获得更好的产品。

- 不要用类似的术语反复问同样的问题。其中一位作者最近参与了一份（非常详细的）RFP 的撰写，以类似的形式提出一个相同问题大约十几次，在评估供应商回应时，缺少对这一（小）功能的支持会破坏该供应商产品的合规性分数。

- 当 RFP 没有很好地划分技术时，也可能发生这种情况。例如，同步问题在定时部分如在以太网或其他小节重复出现。这可能会导致不一致，因为定时专家在第 2 层（L2）以太网部分中没有看到定时问题，L2 工程师也没有正确理解定时问题。

- 不要期望上周发布的 ITU-T 规范版本会在下个月底交付的路由器中得到支持。如果你需要遵守新规范，那么更好的方法是允许"路线图"作为承诺交付日期的答案，而不要求答案是"强制性的，必须遵守的"。

- 如果要询问特定的性能指标，除非有特定的需求或要求，否则请将它们与标准化的性能测试相一致。例如，询问 cTE、dTE$_L$、滤波器带宽或输入容差可以对不同供应商的响应进行逐项比较。

  或者，如果所提问题没有特定测试条件，允许供应商假设测试环境，并展示最佳结果，避免理论意义上的比较。

希望这几条小贴士能帮助你改进下一次的定时 RFP，让产品尽可能符合你的需求。正如不购买错误的产品符合买家的利益一样，不向你销售错误的产品也符合供应商的利益。这种错误会给双方都带来损失。

一般来说，RFP 流程是好的，信息请求（RFI）也是好的。很多时候，当拓展到一个新的技术领域时，运营商会向众多供应商发送 RFI，以了解行业状况。这是了解主流走向的一个好方法。

另一个非常有助于了解不同行业定时的活动是参加专门讨论定时的会议。在电信领域，有两个值得关注的会议，一个在欧洲，一个在北美。

- 国际定时与同步论坛（ITSF）是一个为期四天的会议，每年在欧洲各个城市之间轮流举办。ITSF 有一个庞大而活跃的指导小组，总是吸引着一群活跃而热情的业内人士参加。虽然 ITSF 主要关注电信行业，但它也刊登了有关金融、广播、汽车、智能电网、物联网（IoT）、数据中心和运输行业中定时的论文。它通常在每年 11 月的第一周举行。

- 同步和定时系统（WSTS）研讨会是由美国国家标准与技术研究所（NIST）和电信行业解决方案联盟（ATIS）主办的为期三天的会议，在北美举行（近几年都在圣何塞）。其涉及的主题领域与 ITSF 基本相同。虽然两个会议都有许多定时专家参加，但 WSTS 往往更具美国特色。

  WSTS 通常在每年 3 月至 5 月之间举行，时间表交替安排以配合在北美举行的 ITU-T Q13/15 临时会议。这使得 ITU-T 代表可以将其作为一次商务旅行的一部分参加并出席。

因此，既然你已经编写了 RFP，选择了可能的供应商名单，也许还参加了一些会议，那么下一步就是进行测试活动，即概念验证（POC），以验证供应商所提供的设备。这将启动整个定时测试领域，是一个相当专业的领域，因此本章将在以下几节中进行全面介绍。

12.3　定时测试

许多刚刚接触定时的工程师第一次意识到整个同步问题的难度，是在他们第一次进入实验室开始测试的时候。可供选择的测试选项多得令人眼花缭乱，这就要求测试人员在开始测试之前，具备相当多的背景知识。但经验表明，许多工程师并没有足够的知识来进行测试，这将导致测试失败的可能性很高。

这种缺乏背景知识的现状，促使本章单设小节来讨论如何进行定时测试。如果你知道去哪里找，实际上可找到大量有用的资料。问题是，很多关于这个主题的公共教育资源都会假设，测试人员在开始测试之前就已经知道自己要做什么了。

作者经常与客户和潜在客户打交道，这些客户由于将测试用例误用到错误的拓扑结构或使用错误的规范或度量来判断结果而陷入困境。大多数情况下，一个快速的电话交流就能发现错误，测试人员就可以继续设备认证。

作者见过许多重大的测试，测试结果表明被测试的设备未能通过一个或多个测试用例。在许多情况下，要么是测试用例执行错误，要么是将结果与错误的通过 / 失败标准进行了比较。例如，有两大类测试：端到端网络测试和独立时钟测试。每种情况的拓扑结构、测试用例和预期结果都是不同的。

因此，本节将引导你了解定时测试的基本原理，并指出常见错误。首先，图 12-7 表明了最相关的 ITU-T 建议，这些建议为一致性测试提供了基础。

几乎所有的测试用例和性能需求都包含在一个或多个文档中。如果测试涉及时分多路复用（TDM）类型的电路，可能会出现其他一些建议，但图 12-7 中确定的子集应该几乎满足所有情况。在端到端网络限制类别中，对一系列被测设备（DUT）进行测试，以确定在网络中跨越多个跳点后定时信号会发生什么。对于时钟节点规范，DUT 使用专用测试设备进行独立测试。

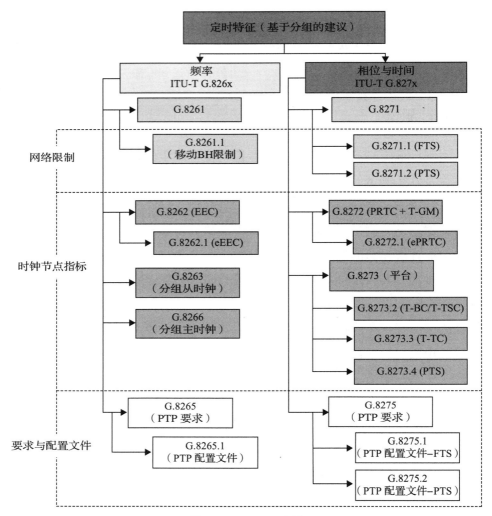

图 12-7　ITU-T 建议

12.3.1　总体方法

在开始测试之前，首先要确定的是，如果资源可用，需要测试什么。这是因为可能有数百种不同的测试和场景组合，可能需要在测试实验室待上几个月。有些测试用例需要花费几天来执行（1×10^5s 或更长），有些用例在开始测试之前至少需要 24 小时（或更长）的稳定时间（保持就是一个例子）。因此，确定想要证明或认证什么，以及使测试用例与可用的设备和时间保持一致，是重要的考虑因素。

下一个重点是要认识到，网络定时测试以及时钟和网络性能认证在很大程度上是（由 ITU-T）标准化的。如果有必要，可以"自己动手"，测试一些对你的情况很重要的场景。但请记住，当你开发自己的测试用例或方法时，不能声称设备出现故障是因为它不符合 ITU-T 建议中的某些限制。

这方面的一个很好的例子是根据 G.8273.2 的噪声限制测试 T-BC，例如，确定恒定时间误差（cTE），但在向待测设备发送 PTP 输入消息时引入了损伤（例如将 PDV 添加到 PTP 消息中）。

当验证一个时钟是 A 类、B 类、C 类还是 D 类时，要求在接收"理想输入"时测量时钟的输出信号，如果在测试过程中输入信号以某种方式受损或退化，那么声称设备不符合所需求的性能等级是毫无意义的。

但测试标准化是一件非常好的事情，因为它允许工程师在供应商和设备之间进行比较，这是能够为工作选择正确网络设备的一个重要特性（请参阅 12.2 节）。

在本书和定时社区中，大多数所谓的"定时测试"通常不包括功能测试。根据 IEEE 1588 规范和特定配置文件，网络设备应该都能够正常工作。一些运营商可能希望验证一些特定情况，例如闰秒逻辑的正确运行。

几年前，IEEE 确实有一个名为 IEEE 合格评定计划（ICAP）的项目，该计划对 1588-2008 以及它声称支持的任何配制文件进行了验证。测试公司提供了一项服务，通过该服务，他们可以根据标准测试方案测试 PTP 的实现。事实证明，对于电信配置文件而言，ICAP 在商业上是不可持续的（仅完成了 G.8265.1）。对于电源配置文件，该程序仍然活跃，你甚至可以为其下载一致性测试套件。

但这里讨论的测试涉及测试定时信号和时钟性能，而不是特定的行为，甚至是协议遵从性。如果出现互操作性问题，那么分组追溯和字段验证是解决这些问题的重要工具。但这里的主题主要是关于性能，因此测试需要能够生成测量时间和频率信号的专用设备。

以下是两种完全不同的测试方法：

- 独立测试单个网元是否符合性能建议（ITU-T 称之为设备限制）。通常是一个时钟背靠背连接到测试设备：向 DUT 输入时间信号，观察其行为或观测

输出的情况。一个很好的例子是根据 G.8273.2 性能建议测试 T-BC 或电信
时间从时钟（T-TSC）。

- 网络测试，用于确定定时分发链路末端定时信号的性能。这种形式的测试能
够检测时间误差的预算计算和允许范围（见上册第 9 章），以确认同步信号
在到达最终应用时是否满足要求。

图 12-8 说明了这两种方法（对于本节中的图，圆圈中的 M 和 S 指的是主模式
或从模式下的 PTP 端口）。

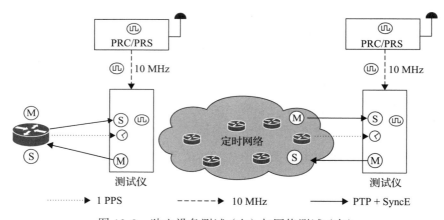

图 12-8　独立设备测试（左）与网络测试（右）

每种方法都有一组 ITU-T 建议，无论是描述网络还是时钟。因此，与单个节
点性能相关的所有测试都来自时钟建议（更多相关信息请参阅上册第 8 章）。此外，
网络测试来自 ITU-T 关于网络限制的建议。

在独立时钟测试中，DUT 与定时测试仪直接连接。测试仪生成定时信号作为
DUT 的输入，并将输出与生成的输入进行比较。然而，在网络测试用例中，涉及
一系列网络元素。为了测试定时分发链路末端的网络性能，测试仪可用于测量远程
主参考时钟（PRTC）和电信主时钟（T-GM）携带的输出时间信号。如果定时链的
起点和终点位于同一位置，则测试单元也可以同时用作输入和输出。

在每种测试类型中，测试设备测量两个信号：

- 频率测试：测量时钟和参考频率信号之间的相互作用。这意味着测试频率
性能的各个方面，如漂移。这种形式的测试大多继承了 TDM 技术和标准，

SyncE 增加了一个额外的维度，但它们有很多共同点。

由于该测试涉及频率，因此测试设备与承载频率的接口连接。如果 DUT 有 BITS 端口，则可以使用它或通过一些传统接口（如 E1/T1）进行测量。对 TDM 接口进行这些测试的测试器已经存在了几十年，并且仍然由使用电路仿真的人员操作。如今，以太网接口和同步输入 / 输出在测试中的使用更普遍。

- 相位 / 时间测试：测量时钟交互时相位的变化。这通常包括测量时间误差并计算从这些测量中得出的各种统计数据。因此，测试设备应包含进行这些计算的软件，作为嵌入式功能或一些外部应用程序。

由于该测试涉及相位，测试设备通过一个可以传递相位信号的接口连接。这可以是 1PPS 信号（用于测量 DUT 的输出）或以太网接口上的 PTP。通过使用以太网接口，可以同时捕获相位 / 时间（PTP）和频率信息（SyncE）。在一些测试设备上测试 TOD 信号的输出是可能的，但几乎没有操作员对其进行测试，除非他们对 TOD 信号的互操作性感兴趣。

在某些情况下可能出现的唯一的其他类型的测试是对 PDV 和分组的选择。虽然没有多少运营商执行这类测试，但当一些时钟无法在显示高水平 PDV 的无意识网络上对齐时，这类测试可能很重要。当移动运营商首次部署 G.8265.1（频率 PTP）时，有时会使用该类型的测试，因为该配置文件不允许主节点和从节点之间的路径支持。本章将不再进一步讨论这种类型的分组测试。

这些是可用的主要测试类别，测试显然需要专用设备来执行。因此，下一节将介绍用于精确测试时钟和网络场景的设备类型。

12.3.2　测试设备

许多公司专门设计和生产定时设备，但很少专门从事定时测试设备。苏格兰爱丁堡的 Calnex Solutions 公司很大程度上是这类设备的标杆企业。如果你进入任何一个配备了定时测试设备的实验室，有大约 90% 的可能性会在现场看到 Calnex 的设备。还有其他公司生产的测试定时设备，但作者几乎没有其他公司的产品经验。

对于定时测试，Calnex 目前提供三种类型的产品。

- Paragon-X：它是应用最广泛的产品，在很长一段时间一直是定时测试的主力。它可在 1-GE 和 10-GE 接口上进行测试。
- Sentinel：一种现场测试设备，它为工程师提供了一种便携式设备，可以远程进行频率和相位测量。参见本章后面的 12.5.5 节。
- Paragon neo：Paragon-X 的改进产品，可测试高达 100GE 接口和更高精度的测量（例如 C 级噪声产生或 eSyncE 漂移）。

Paragon-X 的端口有两行，上方有两组 10GE（XFP 和小型可插拔 plus[SFP+]）端口，下方有两组 1GE（RJ-45 和 SFP）端口。

这些端口是组合端口，允许多种可能的连接，但只有两个端口可以同时处于活动状态：端口 1 和端口 2。这些端口可用于测量或合成时间信号，具体取决于正在执行的测试用例。背面还有用于 1PPS 和 10 MHz 参考信号的物理端口（请参阅 12.3.3 节），以及用于 E1 和 2048 MHz 等 TDM 信号的测量端口。

一个重要的考虑因素是确保设备的评级能够执行所需的测试精度。要确保这一点，可能需要了解拟使用设备的规范，如果不清楚，则需要咨询供应商。作者经常看到有人试图在测试设备能力范围之外进行测试的场景。

现在随着 5G 接口速度的提高，无线接入网中的许多设备通过 25GE 和 100GE 接口进行定时。随着 ITU-T 在其建议的后续版本中增加了精度要求，供应商需要生产能够准确测试它的设备。Calnex 的一款设备 Paragon-neo 允许连接更多的接口选项，例如 25GE（SFP28）、40GE（QSFP+）和 100GE（QSFP28 和 CFP4）光学器件。

在某些适当的测试情况下，可能会使用其他类型的设备。一个很好的例子是独立的频率或时间间隔计数器，或用于 TDM 测试的设备，如误码率测试仪（BERT）或频率测试仪。但几乎可以用前面提到的专用定时测试仪来完成所需的所有工作。请注意，一些测试设备供应商可使用许可证启用不同的功能，因此一定要购买所需的功能。

还有一点是，Calnex Solutions 公司制作了大量关于定时、PTP 和测试的非常有教育意义的资料。想要认真学习定时测试的人，强烈建议参考 Calnex 技术文库。

12.3.3　参考信号和校准

之前，图 12-8 显示了测试仪通过 10MHz 电缆连接到 PRC/PRS。这被用作确保测量准确设备振荡器的频率参考，并且合成的频率信号在规范范围内。例如，如果没有一个精确的参考信号进行比较，就不可能精确地测量同步信号的漂移。作为最低要求，测试仪需要有一个参考输入，通常是来自 PRC/PRS 或 PRTC 的 10MHz 参考信号，或者也可以是 BITS 输入（建筑物中的 BITS 从 PRC/PRS 或 PRTC 获取输入参考）。

对于回传相位测试，Calnex 生成自己的时间信号发送给 DUT，并将返回值与发送值进行比较，因此对于该测试模式，它不需要 1PPS 相位参考（见图 12-9 左侧）。但是，如果 Calnex 用于测试定时分发最后一跳的相位，则需要 1PPS 相位参考来与 DUT 的相位进行比较（参见图 12-9 的右侧）。

图 12-9 是一个具有不同输入参考信号的定时测试仪，可以用于不同情形。

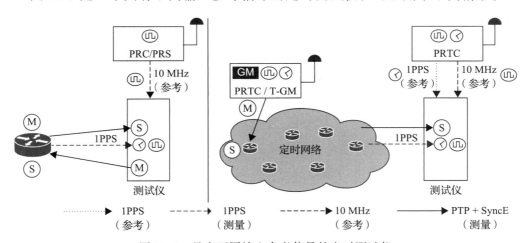

图 12-9　具有不同输入参考信号的定时测试仪

在图 12-9 左侧所示的情形下，测试仪正在测量来自路由器的 1PPS 或 PTP 相位信号，并将其与来自 PRTC 的参考相位进行比较。这是测试最后一个时钟输出的信号是否在应用程序要求的预算相位误差范围内。例如，如果应用要求相位在协调世界时（UTC）的 ±1.1μs 范围内，则测试仪应能够测量最后一个时钟的输出值，并进行确认。

在相同的拓扑结构（右侧）中，测试仪还可以测量从 PRC/PRS 通过网络传输时累积的频率漂移。这只需要在测试仪上配置一个 10MHz 的参考信号。在 DUT 上，测试仪测量来自 BITS 或 TDM 通信端口的同步信号或 E1/T1/2048 kHz 信号。然后将该测试信号与应用程序的漂移要求（以及相关的 ITU-T 建议）进行比较。

由于需要一个参考信号来测量相位对齐和频率漂移，一些测试仪设备内部配备有 GNSS 接收机。这对现场测试仪尤为重要，因为它们通常处在偏远的地点，没有任何可用的参考源。工程师使用这些设备时，首先将测试仪置于室外，让 GNSS 对齐一个精确的内置振荡器；然后再把测试仪带回室内进行设备测试，当失去 GNSS 信号时，振荡器就会进入保持状态。如果测试设备在保持状态上只花费了相当短的时间间隔，那么它可以准确地测量相位（和频率）。

提示：当使用两个不同的 GNSS 接收机进行拓扑测试时，其中一个连接到测试设备的输入，另一个连接到测试仪（或与测试仪集成），必须考虑两个接收机之间的额外误差。这一点在第 11 章考虑前传网络的 GNSS 定时源时已经进行了讨论。

在试图精确测量相位（与频率无关）时，一个经常被忽略的重要细节是电缆长度补偿。当测试仪测量 PTP 信号时，它不会试图通过求解 PTP 方程和估计平均路径延迟来恢复时钟。测试仪只读取事件消息中的时间戳，并应用校正字段（CF）。

因此，需要补偿 PTP 信号穿过 DUT 和测试仪之间电缆所需的时间，以准确测量相位。对于 10m 长的光缆，将产生大约 50ns 的显著误差。因此，测试仪允许输入以太网电缆的长度，以便调整相位进行补偿。类似的逻辑适用于 1PPS 电缆，包括来自 DUT 和参考 PRTC 的 1PPS 电缆（约 5.1ns/m）。

理解 TE 来源的另一个重要点也出现在图 12-9 右侧的用例中。请记住，根据 G.8272，当对照 UTC 进行验证时，A 类 PRTC（PRTC-A）与 T-GM 组合的精度"应精确到 100ns 或更高"。但为获得参考 1PPS 相位信号，时间测试仪也连接到 PRTC-A，该信号也允许与 UTC 相差 100ns。这就需要对 GNSS 天线电缆进行良好的安装和精确的补偿（见第 11 章）。

所以，问题在于测试仪可能会得到一个与 T-GM 输出信号相差 200ns 的 1PPS 参考信号。当然，如果两个接收机看到的是来自同一个 GNSS 星座的同一颗卫星，并且 GNSS 信号的传播条件相同，那么误差很可能会小于此值。但从理论上讲，可能会出现这种严重的误差，因此，在这种特殊情况下，尝试测量最后 10ns 左右的相位偏移是徒劳的。

如果获得更好的测量结果很重要，那么测试仪应该从同一 PRTC 获取 1PPS 参考值，以补偿该误差。PRTC 的 1PPS 输出和集成在同一 PRTC 内部的 T-GM 的 PTP 输出之间的相位对齐差应仅为几纳秒。

12.3.4　测试指标

表 12-1 总结了不同测试类型和拓扑可能采用的指标。有关这些指标的详细信息，请参阅上册第 5 章和上册第 9 章。

表 12-1　不同测试类型和拓扑可能采用的指标

拓扑	同步	测试类型	指标	参考
网络	频率	漂移产生	TIE、MRTIE、MTIE、TDEV	G.8261、G.8261.1、G.823、G.824
网络	频率	漂移容限	TIE、MTIE、TDEV	G.8261、G.8261.1、G.812、G.813、G.823、G.824
网络	频率	抖动输出	峰间振幅（UIpp）	G.8261、G.8261.1、G.823、G.824
网络	频率	抖动容限	UIpp	G.8261、G.8261.1、G.812、G.813、G.823、G.824
网络	相位	相位对齐	max|TE|、2wayTE、cTE、dTE（MTIE、TDEV）	G.8271.1、G.8271.2
网络	相位	相位容限	max|TE$_L$|、MTIE、TDEV	G.8271.1、G.8271.2
节点同步	频率	准确、保持、捕捉、失锁	百万分之一（×10^{-6}）	G.8262、G.8262.1
节点同步	频率	漂移产生	TIE、MTIE、TDEV	G.8262、G.8262.1、G.81x
节点同步	频率	抖动产生	UIpp	G.8262、G.8262.1
节点同步	频率	噪声传输	dB 相位增益、TIE、TDEV	G.8262、G.8262.1
节点同步	频率	瞬态响应	TIE、MTIE	G.8262、G.8262.1
节点同步	频率	保持	TIE、ns/s、ns/s^2	G.8262、G.8262.1
节点 PTP	相位	噪声产生	2wayTE、cTE、dTE、MTIE、TDEV	G.8273.2
节点 1PPS	相位	噪声产生	TE、cTE、dTE、MTIE、TDEV	G.8273.2
节点	相位	噪声传输	dB 相位增益	G.8273.2、G.8262、G.8262.1
节点	相位	保持	TE、dTE	G.8273.2

请注意，更高质量频率时钟还有其他（更严格的）要求，例如 SSU 和 PRC 时

钟的漂移生成，因此需要参考 G.81x 范围内的适当建议。在 G.823 中，抖动和漂移（输出和容限）也有不同的限制，这取决于时钟类型以及它们是网络接口还是同步接口。

12.3.5　PRTC、PRC 和 T-GM 时钟的测试

PRTC 和 T-GM 或 PRC/PRS 频率源的测试情况有所不同，测试此类设备并不常见。这是因为它是专用的，需要用到大多数网络实验室并不常见的测量设备。为了便于参考，ITU-T G.8273 的附录 A.2 和 B.2 中提供了有关测试这些时钟的更多信息。

问题在于，基于 GNSS 接收机的 PRTC 性能不仅反映了设备的特性，还反映了 GNSS 的行为。因此，供应商只能说明设备的性能，而不能说明设备在特定安装中的性能。为了快速检查以确保设备运行正常（或者确保天线电缆长度补偿值合理），可以使用一个接收机检查另一个接收机。

还可以将性能与高精度和校准的参考接收机进行比较，但这种方法的局限性是明确的：参考接收机需要比 DUT 有更好的性能，这是很难的。这些设备必须经过良好的校准，在用于时间测量的设施外很少见到。有各种技术可以使用 GNSS 接收机精确比较彼此相距较远的 PRTC，但这些技术主要应用于专门的定时实验室中。

如果工程师可以使用该设备，则等效方法是根据时间标准（原子钟）测量 PRTC 的输出。当然，时间标准的准确性对测试测量的相关性至关重要。大多数运营商选择不进行这种形式的测试，因为它涉及相当多的专业设备。

全球导航卫星系统是测量性能的一部分，为了弥补这种影响，需要一个外部设备来生成标准化的信号，以便接收机能够根据这些信号进行测量。图 12-10 通过引入一种称为 GNSS 模拟器的设备（最常见的种类主要针对 GPS 接收机市场，但也有其他种类），展示了一种方法。

在图 12-10 中，GPS 模拟器接收来自 PRC/PRS 的 10MHz 参考输入，原因与定时测试仪需要信号的原因大致相同。GPS 模拟器产生 GPS 无线信号（通常用于

L1 波段），模拟器的无线频率（RF）输出连接到 GPS 接收机的天线端口。

模拟器配置为接收位置（纬度、经度和高度）和时间（也可以从另一个 GNSS 设备获取该信息）。然后，它模拟了一组 GPS 卫星的组合信号，并使接收机认为从那时开始它就在那个位置。模拟器将继续（准确地）推进时间（由 10 MHz 参考输入引导），GPS 接收机将恢复人为产生的时间和相位。

模拟器还有一个 1PPS 的输出，与生成的时间同步（当然，这两个信号的相对精度需要验证）。除了连接到测试仪的正常 10 MHz 参考信号外，模拟器输出的 1PPS 也作为参考相位信号连接到定时测试仪。然后，可以根据 GPS 模拟器的相位测量 GNSS 接收机的相位输出。

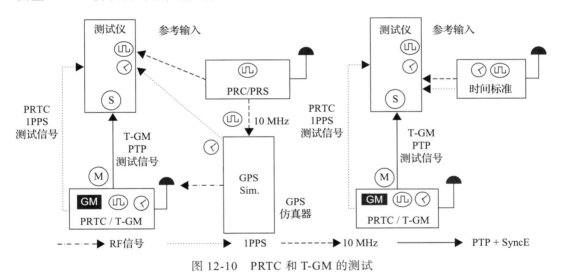

图 12-10　PRTC 和 T-GM 的测试

如果你有兴趣测试任何高精度的增强型时钟（如 ePRTC 和 ePRC），那么由于这些设备在很长的时间间隔内具有惊人的稳定性，所以要做好准备进行长时间的测试，以验证它们的性能。

相位精度

对于相位精度，测试仪接收两个测试信号中的一个或两个，即来自 T-GM 的 PTP（也可以是 1PPS）或来自 PRTC 的 1PPS（如果是单独的设备）。测试仪比较 GPS 模拟器的信号与 PRTC 或 T-GM（或两者）输出之间的相位对齐情况。

对于 PTP 输出，测试仪上的适当指标是双向时间误差（2wayTE；详见上册第 9 章）。将 PTP 消息的双向时间误差或 1PPS 时间误差的最大绝对值与该类 PRTC（PRTC-A、PRTC-B、ePRTC-A 或 ePRTC-B）进行比较。该测试结果能够告诉工程师 PRTC 和 / 或 T-GM 是否达到了所需的精度水平（PRTC-A 为 100ns，PRTC-B 为 40ns，增强型 PRTC A 类和 B 类、ePRTC-A 和 ePRTC-B 为 30ns）。这是一个快速测试，将验证接收机中的相位恢复是否与输入信号一致。这证实了接收机将从 GPS 信号中准确地获得相位源。

相位漂移和抖动：动态时间误差

G.8272 和 G.8272.1 规定了产生漂移的最大时间间隔误差（MTIE）和时间偏差（TDEV）掩码，对于 MTIE，PRTC-A 的上限为 100ns，PRTC-B 为 40ns，ePRTC 为 30ns。MTIE 相当于 dTE 的峰间值。有三种基本的测量方法：

- 以每秒一个样本的速度测量 1PPS 输出的时间间隔误差（TIE），无须任何低通滤波。从中计算 MTIE 和 TDEV，并将这些序列与 G.8272 掩模（或 ePRTC 时钟的 G.8272.1）进行比较。
- 测量通过 10Hz 低通测量滤波器的 2048kHz、2048kbit/s 和 1544kbit/s 输出的 TIE，最大采样时间为 1/30s。计算 MTIE 和 TDEV，并将其与 G.8272 的掩模（或 ePRTC 时钟的 G.8272.1）进行比较。
- 测量 PTP 信息的双向时间误差。然后将这些测量值通过至少 100 个连续 TE 样本的移动平均低通滤波器。样本将基于每秒 16 次的 PTP 分组速率（G.8275.1）。计算 MTIE 和 TDEV，并将其与 G.8272 的掩模（或 ePRTC 时钟的 G.8272.1）进行比较。

频率输入和输出的抖动要求在 G.811 的 PRC 规范或 ePRC G.811.1 规范中定义。

保持测试

PRTC-A 和 PRTC-B 没有官方的保持性能要求，尽管 ePRTC 的建议确实有保持要求（ePRTC 时钟需要连接到原子频率标准以满足其预期性能水平）。

例如，ePRTC-A 的保持要求是，它必须精确到 UTC，在 14 天的时间内（在开始测试之前，正常运行 30 天之后）误差从 30ns 线性增加到 100ns。ePRTC-B 的要求有待进一步研究，但显然会更严格。由于所需的设备和测试所需的时间，这仅有定时专家感兴趣，进一步的讨论超出了本书的范围。

频率测试

频率测试与过去几十年的原始 TDM 测试密切相关。本书不会涉及太多 TDM 接口频率测试的内容，因为市场上已有很多关于这个主题的文献。请注意，这些测试多年来一直符合有效标准。

频率测量可以在设备传输的任何频率信号上进行。它可以是 10 MHz 或 2048 kHz 信号（或其他一些频率），也可以是 E1/T1 位输出，或通信接口上的 TDM 信号。有许多（传统）测试设备可用于测试这些形式的信号，进行统计分析，然后根据适当的 ITU-T 掩码（如 G.811、G.811.1、G.812 和 G.813）与结果进行对比。

对于 PRTC 或 PRC/PRS 的频率测试，相关建议为 G.811（有关 ITU-T 建议的详细信息，请参见上册第 8 章），增强型 PRC 为 G.811.1。参考时钟的频率测试相对简单，因为它们是仅输出的设备，所以进行噪声容限和传输等测试是毫无意义的。

频率测试包括以下几类测试：

- 频率精度。对于 PRC/PRS/PRTC 时钟，G.811 规定了一周内为 10^{11} 分之一；对于 ePRC/ePRTC 时钟，G.811.1 规定了一周内为 10^{12} 分之一；对于其他时钟，在自由运行状态下为 4.6×10^{-6}。
- 使用 MTIE 和 TDEV 掩码的噪声产生（抖动和漂移）。
- 捕捉、保持和失锁（参见上册第 5 章；不适用于 PRC/PRS/PRTC 时钟）。
- 噪声容限（抖动和漂移；不适用于 PRC/PRS/PRTC 时钟）。
- 噪声传输（不适用于 PRC/PRS/PRTC 时钟）。
- 瞬态响应和保持。

同样，大多数运营商不执行这些类型的测试，除非他们对 TDM 电路的分组仿真感兴趣。本书更侧重于 SyncE 和 eSyncE 频率测试。

功能性和其他

大多数运营商对进行大量功能测试不太感兴趣；然而，有一些基本功能可能是相关的和有趣的。例如，定时测试员通常可以选择执行 PTP 字段验证。这将确保分组按照标准发送，并填充协议字段。

另一个例子是验证 Announce 消息中的一些值，例如正常运行与保持运行状态下时钟精度字段（尤其是时钟类）的值。基于一系列 SyncE QL 值的接收和传输来验证时钟 ESMC 行为的类似测试用例也很有趣。

12.3.6　端到端网络的测试

测试方案的第一个主要部分是根据 ITU-T 的网络限制来测试定时分布测试网络。有三种情况需要考虑：

- 在定时网络上使用 SyncE 或 eSyncE 进行频率漂移测试。
- 使用 PTP 在定时分发网络上进行频率漂移测试。
- 使用 PTP 在定时分发网络上进行相位对齐测试。

下面将依次介绍每种情况。

频率漂移测试网络（SyncE）

构建定时分发网络的目标是确保定时信号以终端应用所需的质量到达定时链路末端。因此，一旦提议的设计被接受，工程师需要在将其投入生产之前验证支撑该设计的计算和假设。同样，一旦新设计移交运营部门，可能会出现需要测试生产网络的情况。有关如何实现这一点的详细信息，请参阅 12.5.5 节。

对于频率同步，外部信息可能会迅速根据应用程序指示频率正在偏离范围。电路仿真就是一个很好的例子，在电路仿真中，频率失配会很快导致 TDM 连接电路上的错误（如滑动），或者在去抖动缓冲器中出现欠载或超限。监控电路和接口统计的标准方法将快速检测到这些异常。

对于许多其他情况，或者对于部署前的合规性测试，工程师可能希望通过一些有形的指标来确保频率质量。图 12-11 显示了两种不同的使用适当测试设备进行测试的基本拓扑。

左边的是相对网络测试，它将网络链路末端的输出信号与测试仪产生的输入信号进行比较，但参考频率（PRC）是最终来源。右边的是绝对网络测试，它在网络链路开始处由一个单独的源提供，测量网络链路末端的频率信号。

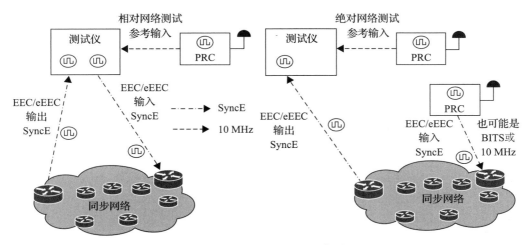

图 12-11　测试网络中的频率漂移

绝对网络测试反映了更现实的情况，因为链路末端通常位于远离频率源的位置，例如现场测试。这些对测试的限制是因为考虑了电缆的最大长度。参考输入（如 10 MHz）只能在非常短的电缆长度上运行，因此需要考虑测试仪和 PRC 的相对位置。如果它们不在同一地点，则需要一个额外的 PRC。

最常见的情况是，进行这些测试的运营商关注的是网络拓扑中的频率漂移，除非有特定原因需要关注导致最终应用出现问题的其他参数（如抖动）。

图 12-12 显示了网络同步漂移的 MTIE 图，即通过 10GE 链路连接到 ePRTC 的路由器（小型）网络。在网络测试中，由于客户网络使用选项 1，因此在比较结果时应使用 G.8261 EEC 选项 1 漂移限制。

此捕获来自 Calnex 分析工具（CAT）对 Calnex Sentinel 现场测试仪上进行的同步捕获后处理。事实上，计算出的 MTIE 远低于门限（对数标度），这意味着产生的结果符合预期。

这是最简单也是最实用的频率测试，即确定信号在链路末端的作用以及它是否满足需求。这将回答一些问题，比如它是否足以同步模拟 TDM 电路，或者为无线发射机提供稳定的信号源。

当时钟和传输系统支持同步时，该测试用例是有意义的。但如果不支持同步，则必须使用基于分组的方法来传输频率。下一节概述了针对该场景的测试机制。

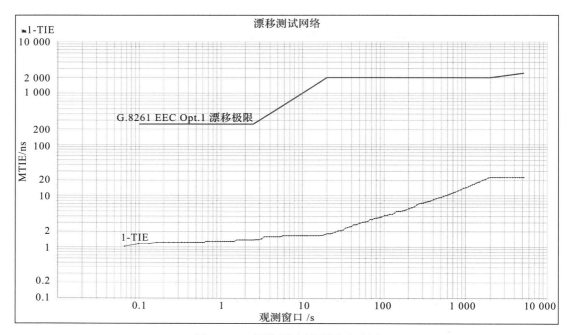

图 12-12　网络同步漂移测试示例

频率漂移测试网络（分组）

使用 PTP 而不是 SyncE 恢复频率的测试用例没有太多细节，主要是因为它正变得越来越不主流。许多移动运营商多年来一直在运行 G.8265.1 电信配置文件来同步频率，主要是为了取代之前用于同步 2G 和 3G 的 TDM 链路。在不支持同步的网络中，这种形式的 PTP 是一种可能的替代方案。

这种解决方案的主要阻碍是 PDV，并且由于 G.8265.1 不允许任何路径支持，因此通过中间网络组件控制 PDV 是测量、理解和控制的一个非常关键的方面。一些定时测试设备的模型，包括之前看到的那些，允许在需要时对 PDV 进行测试和表征。

能够在到达的 PTP 消息流中测试分组层是一个有趣的特性（有关分组层的讨论，请参阅《5G 移动网络的同步（上册）》9.2.1 节）。测试人员可以看到有多少分组符合计算定时解决方案的分组选择标准。

该指标称为下限分组百分比（FPP），定义为从观测到的下限延迟开始，落入给定固定簇范围的分组百分比（理论在 G.8260 中介绍）。G.8261.1 中定义了它的网络限制（基本上 1% 的分组应该落在层延迟附近的集群中）。当在网络中遇到 PDV 问题时，这是一个方便的测试套件。

通常测试的第二事项与前一节中介绍的基本相同，即测试从时钟恢复频率的准确性。同样，测试设备可以测量从时钟的频率输出信号（作为 E1/T1/2048 kHz 信号），并测量与参考 10MHz 信号相比的漂移。这将与 G.8261.1 中基于分组的设备时钟从频率（PEC-S-F）MTIE 掩码进行比较，以确定通过或失败。

另一种方法是，测试设备直接与远程 G.8265.1 GM 协商 PTP 分组流，并根据到达的 PTP 消息中的时间戳测量频率漂移。这种方法测试网络是否能够传输分组频率信号，而不是测试从时钟恢复的频率漂移。

该测试确认了频率信号的准确性和稳定性，接下来的任务就是测试相位对齐。

相位对齐测试网络（分组）

与频率一样，建立相位 / 时间分发网络的目标是确保定时信号达到所需的质量。对于需要相位同步的应用程序，保持相位对齐尤为关键，因为存在许多不利因素。因此，无论是在单个时钟本身（参见以下几节）还是在端到端网络上，在部署之前进行彻底的测试都至关重要。

相位对齐测试需要来自最后一个网络节点的相位信号（PTP 或 1PPS），以便测试仪可以测量该设备恢复的相位。图 12-13 的左侧显示了相对测试的情况，与右侧的绝对测试情况相反。与频率测试类似，测试工程师必须考虑电缆长度，因为参考信号只能使用短程电缆，这决定了测试设备和参考源的相对位置。

相对意味着相位在测试仪上合成生成，并提供给定时链的前端，最后一个节点的相位返回给测试仪并与输入进行比较。在这种情况下，测试仪测量输入和输出信号之间的相对相位偏移，即与 UTC 没有连接。

绝对则有所不同，因为定时链前端输入的相位来自独立源，例如具有 UTC 可追溯性的 PRTC 和 T-GM 组合。在这种情况下，测试人员必须根据 UTC 时间的可信来源测量链路中最后一个节点的输出。

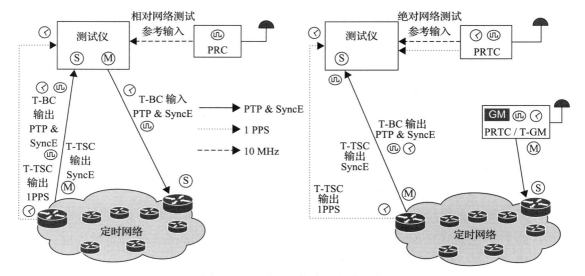

图 12-13　测试网络中的相位对齐

因此，测试仪需要来自 UTC 时间源的 1PPS 参考，以便与从网络接收到的相位进行比较。这可能与链路前端输入的 PRTC 相同，但如果测试仪远离该设备，则必须使用不同的 PRTC 作为其来源。这就是为什么称为绝对：它决定了真实世界的相位 / 时间。（一些人可能会说，这仍然是对 UTC 的相对测试，但许多人认为是"绝对"时间。）

与之前一样，测试仪还需要一个频率标准来调节振荡器。

根据 PTP 测试信号，测试仪测量双向时间误差（详见上册第 9 章），对于 1PPS 输入测试信号，测试仪测量 TE。然后，工程师可以根据任何期望的 max|TE| 限制确定通过或失败，例如 5G 移动案例的 ±1.1/1.5μs 相位对齐限制。

图 12-14 显示了 TE 相位的 MTIE 图，该图显示了通过 10GE 链路连接到 ePRTC 的路由器（小型）网络。由于这是一项网络测试，通过 / 失败的适当阈值是 G.8271.1（移动要求）中的 1.1μs 双向时间误差（2way TE）网络限制。与前面使用 SyncE 的情况一样，此捕获图像来自 CAT 报告工具和 Sentinel 测试仪。

测得 TE 的最大绝对值为 61.5ns，峰间变化为 40ns。一个有趣的指标是 T-BC 时钟链的组合 cTE。例如，如果有一个由五个 B 类 T-BC 节点组成的链路，每个节点的 cTE 为 20ns，则可以计算 cTE，以确保 cTE 小于 100ns（是 G.8273.2 规定

20ns 的 5 倍）。在图 12-14 的情况下，通过四个（B 类）T-BC 后，cTE（平均超过 1000s）在 −52 ～ −31ns 之间变化。

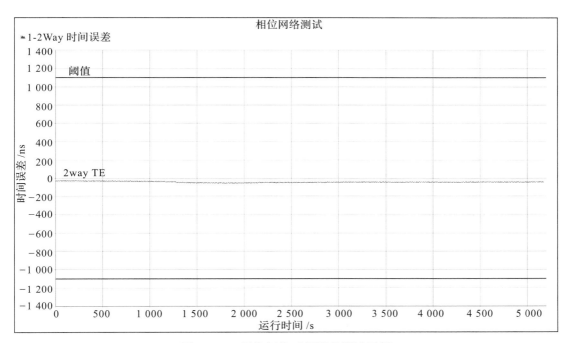

图 12-14　网络相位时间误差测试示例

　　这是最常见的测试用例之一，主要是因为所有工程师都想知道他们的设计如何能够准确地传输时间。许多工程师还想知道他们测量的相位误差与预算之间有多大差距。

　　图 12-15 显示了当测试仪之前的最后一个路由器处于保持状态时，前一个网络的 1PPS 相位对齐。由于这是一项网络测试，通过 / 失败的适当阈值依旧是 G.8271.1 中的 1.1μs 双向时间误差网络限制。与前例一样，此捕获来自 CAT 报告工具和 Sentinel 测试仪（这次测量 1PPS）。

　　在这种情况下，PTP 和 SyncE 信号在测试进行了 4429s 后从测试节点中移除，TE 在大约 66900s（仅 17 个多小时）后超过限制。也许这有点幸运，但对于一个（最新的）网元来说，这是一个非常好的结果，该网元的第 3E 层 OCXO 在保持状态中运行（它只测试网络中最后一个 T-BC 路由器的保持能力，因为中断位于 DUT

的正上行，因此它是孤立节点）。

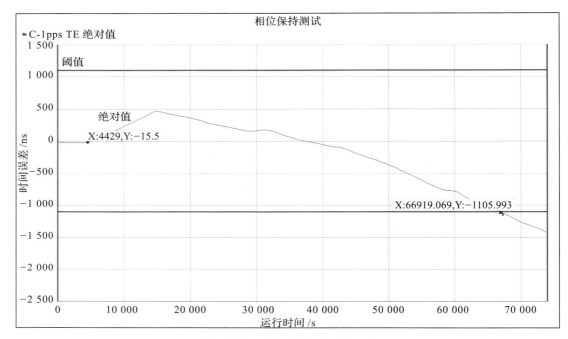

图 12-15 网络相位保持测试示例

许多运营商喜欢进行保持测试，因为他们想知道当其参考的定时信号中断时，网络和网络时钟将如何表现。

需要提及的另一种特殊情况是测试辅助部分定时支持（APTS）网络拓扑，尤其是在保持（本地参考时钟故障）的情况下。当 DUT 连接到其主要源时，它很像 T-GM 或 T-BC，到 GM 的跳数为零。当它失去主要时间源时，它就像部分定时支持（PTS）网络上的 T-BC。它唯一的帮助是纠正测量的静态不对称性的补偿机制。考虑此选项的运营商显然希望测试这种方法在他们可能部署的非常匹配网络上的效果。

现在，你已经看到了在网络中端到端测试节点的基本情况，现在是考虑时钟作为独立实体的性能并验证设备限制的时候了。

12.3.7　在分组网络中测试频率时钟

在本节之前，测试一直关注的是端到端场景中定时信号的性能，即定时信号从链路中的最后一个环节出现后的样子。但端到端的性能在很大程度上取决于构成该网络节点的性能，或者 ITU-T 所谓的设备限制。

在这些基于分组的部署中，最重要的时钟是 SyncE（或 eSyncE）时钟，因此下面将介绍 EEC 和 eEEC 同步时钟的度量和性能测试。

测试同步时钟（EEC 和 eEEC）的好处是，它没有 TDM 类型接口的情况复杂，也没有那么多建议可遵循，而且大多数运营商更喜欢将 SyncE 作为频率传输，而不是基于 TDM 的其他选择，并且测试相对简单。

SyncE 的好处是，它是一种被广泛支持和部署的技术，并且性能非常好。较新的 eSyncE 的早期实现可能会产生一些意想不到的结果（就像所有新技术一样），但测试 SyncE 几乎从未显示出意想不到的结果。在测试 eSyncE 时，还有一点是，即使是几年前的频率测试仪也可能无法精确测量新一代 eEEC 时钟的精度。

图 12-16 说明了测试同步时钟性能的方法。

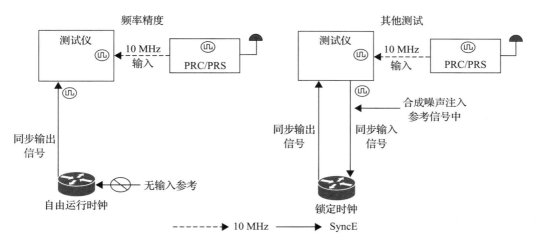

图 12-16　测试 SyncE 和 eSyncE 设备时钟

同步测试，就像 TDM 技术测试一样，也反映了 SDH 和 SONET 之间的差异。对于北美市场，任何网络设备的同步都应配置为选项 2 EEC 时钟，而对于其他市场，通常是选项 1（ITU-T）。一些测试用例在方法和结果上会有所不同，这取决于所使用的同步选项。因此，单个运营商只测试他们打算部署的选项是有意义的。在北美推出选项 2 同步时，执行选项 1 测试几乎没有意义。

以下是 G.8262（EEC）和 G.8262.1（eEEC）同步时钟的性能指标：

- 频率精度：确认在自由运行时，时钟振荡器（驱动同步测试信号）的精度在（以太网信号）标称频率的 4.6×10^{-6} 以内。测试仪测量独立 DUT 的输出（无任何参考输入），以计算频率偏移，并确认其在规范范围内。没有规定测试的时间长度，但对于 eEEC 时钟，建议使用较长的周期。

- 捕捉、保持和失锁范围：测试仪中注入频率偏移，工程师监控时钟行为是否符合要求。对于捕捉，先输入大偏移量，然后减小，直到 DUT 锁定。对于保持，先锁定时钟，然后对输入施加 $\pm 4.6 \times 10^{-6}$ 的偏移，同时测试 DUT 保持锁定。对于失锁，DUT 锁定到输入端，然后增加频率偏移，直到其解锁。

- 锁定（和非锁定）状态下 DUT 产生的漂移噪声：在锁定状态下，测试仪注入无漂移参考信号，测量输出漂移，并将 MTIE 和 TDEV 与 G.8262（EEC）和 G.8262.1（eEEC）中的门限进行比较。还有针对恒温和变温，以及选项 1 和选项 2 的测试。

- 在 DUT 处于锁定状态时产生的抖动噪声：该测试在 60s 内测量峰值 UI，并将其与 G.8262 建议进行比较。由于 eEEC 时钟必须与 EEC 时钟兼容，因此它们也不应超过 G.8262 中的抖动产生限制。

- 输入（参考）信号的漂移噪声容限：在测试仪输入端应用信号漂移，工程师监控时钟行为是否符合要求。应用于输入的漂移量由 G.8262 或 G.8262.1 中的 MTIE 和 TDEV 掩码定义，或者测试仪可以生成其他形式（例如，正弦波）。时钟的行为也可以通过 DUT 产生的 QL 值以及与标称频率的对比测量来监控。

  仅由 eEEC 时钟组成的网络与主要由 EEC 时钟组成的网络之间的 G.8262.1 漂移限制存在差异。在后一种情况下，会累积更高的漂移量，因此 eEEC 时钟应该能够承受来自 EEC 网络的更高漂移。

- 输入（参考）信号的抖动噪声容差：在测试仪输入端应用信号抖动，工程师监控时钟行为是否符合要求。抖动的数量和特征可以在测试仪上配置。与所有形式的容差测试一样，符合意味着时钟不会触发错误、切换参考或进入保持状态。

由于 eEEC 时钟必须与 EEC 时钟兼容，因此它们还应满足 G.8262 抖动容差限制。当然，仅基于 eEEC 时钟的定时链将导致较低的抖动累积，因为 eEEC 的最大带宽较低，且产生的噪声较低。

- 噪声通过时钟的传输特性：这主要与低通滤波器的带宽有关（对于选项 1 时钟；对于选项 2，G.8262 中有一个通过 / 失败 TDEV 掩码）。测试仪在通带范围内外以不同频率产生一系列输入漂移。对于选项 1，通带为 1 ～ 10Hz，对于 eEEC，通带为 1 ～ 3Hz。对于选项 1 和 eEEC，测试仪测量整个频率范围内的漂移行为（通带内的相位增益小于 0.2dB）。对于选项 2，将 TDEV（来自测量的 TIE）与 G.8262 的漂移传输掩码进行比较。

- 瞬态响应：在短期参考切换（小于 15s）以及其他长期情况下测试相位误差移动。切断从测试仪到 DUT 的输入信号（或用 ESMC 发出无效信号），测量 DUT 的输出信号的 TIE。将 TIE 的结果与选项 1 的短期瞬态 G.8262 掩码、eEEC 的 G.8262.1 掩码以及选项 2 的 MTIE 掩码进行比较。

  有关同步瞬态测试方法的详细信息，请参见 G.8273 附录 Ⅱ。

- 保持或长期瞬态：测量移除参考输入信号后的漂移（TIE）。对于 eEEC，G.8262.1 和 G.8262 中有一个用于 EEC 时钟选项 1 和 2 的保持掩码。当然，只有在设置允许时钟稳定下来一段时间后，才能启动保持测试。对于频率测试，至少需要 15 分钟。

在所有这些测试中，最常用的性能测试值是漂移噪声的生成。此外，一些运营商喜欢在控制平面处理器切换等事件期间确认同步信号的响应。但是，执行每个测试都不是一件小事，特别是考虑到长期运行时间、可能涉及的平台和不同接口的数量时。

运营商唯一想要检查的功能区域是 ESMC 行为，以确认 QL 传输机制是否正常工作。特别是在冗余处理器之间切换时，确认路由器传输正确的 QL 级别尤为流行。随着越来越多地采用增强型 ESMC TLV 来支持 eSyncE，可能会出现一些新的有趣场景，尤其是确认 EEC 和 eEEC 时钟中的正确互通。

与其他测试类别一样，测试仪支持自动设置测试参数和方法，并测量结果。它还附带统计软件，用于计算相位增益、MTIE 和 TDEV 等设备指标，并执行任何必要的数据过滤。它还内置了所有通过 / 失败掩码，以快速确定结果，但不会阻止粗心大意的工程师使用错误的掩码来确认测试集结果的通过 / 失败。

因此，如果你对 EEC/eEEC 时钟的频率性能感到满意，那么是时候确定它作为基于 PTP 的时间 / 相位时钟的性能了。

12.3.8　测试独立 PTP 时钟

前面单独讨论了同步 / 同步时钟的频率性能，但要确认的另一个方面是网络时钟作为 PTP 时钟的性能，这意味着测试所有形式的 BC、TC 和从时钟的性能和行为。ITU-T 有三项基础建议指导测试工程师：G.827 3.2、G.827 3.3 和 G.827 3.4。

以下将依次介绍每种时钟，并解释可应用于每种时钟类型的测试用例。每种时钟类型都将包括噪声产生、输入噪声容限、通过时钟的噪声传输、短期瞬态响应和保持（长期瞬态）测试。

根据 G.8273.2 测试 T-BC 和 T-TSC

当运营商采用基于网络的定时时，测试兴趣主要集中在 T-BC/T-TSC 性能和穿越网络后的相位误差对齐。G.8273.2 包含了选择 PTP 感知网络组件的最重要标准，因此遵守该建议是测试的主要项目。

这个想法是在完整定时支持（FTS）网络中使用 G.8275.1 与 SyncE（或 eSyncE）的结合来测试 T-BC 和 T-TSC 时钟的性能。由于这是最常用的相位 / 时间传输的 PTP 方法，因此本节会比其他章节更全面地介绍 G.8273.2 合规性。

图 12-17 说明了测试 T-BC 边界时钟和 T-TSC 从时钟性能的方法。

在所有情况下，测试仪都有一个主端口，为 DUT 提供由 G.8275.1 PTP 消息加 SyncE（或 eSyncE）组成的定时信号。在一些测试中，信号是一个理想的输入信号，对于其他测试，则可以改变信号（例如，测试噪声容限或传输）。这是一个背靠背测试，实际上不需要 1PPS 参考，因为测试仪生成自己的相位，然后从 DUT 中读取，以确定相对结果。

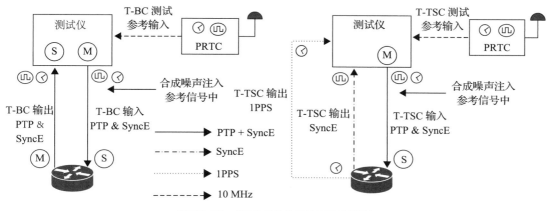

图 12-17 测试 T-BC 和 T-TSC 时钟

两个时钟（T-BC 和 T-TSC）的测试方法非常相似，除了以下基本差异：

- T-TSC 上没有 PTP 主端口（根据定义），因此它无法向测试仪发送 PTP 输出信号。1PPS 在 T-TSC 上是测量相位的唯一选项，而在 T-BC 上是可选的。T-BC 是定时传输网络中最重要（且数量众多）的组件，其功能是传输 PTP，因此使用 PTP 测量其输出时间信号是有意义的。

- 在 T-BC 上，频率通常与 PTP 在同一端口上测量。如果可以在 T-TSC 上配置同步输出，那么就可以像其他 EEC 一样测量频率信号。否则，（在 T-BC 和 T-TSC 上）使用一些 TDM 接口（如 BITS 端口）。

- T-TSC 没有定义 PTP 输出限制，因为它在传递 PTP 定时信号方面没有作用。对于大多数运营商来说，将网元作为 T-TSC 进行测试是没有意义的，因为终端应用并不在 T-TSC 路由器上运行。（在实际网络中，T-TSC 不会位于路由器中。）

在实际网络中，应用设备（例如无线发射机）将包含链路中的最终 T-TSC，并且所有网元将配置为 T-BC。一个缺点是无线单元（包含 T-TSC）可能没有配备 1PPS 输出端口来测量其相位。对于通用计算服务器，很难获得 1PPS 信号输出（仅在服务器的网卡上可用）。另一种选择可能是测量发射机输出的无线信号，以确定相位对齐。

为了避免重复 T-TSC 测试与 T-BC 相同的信息，以免本节过于复杂，在开始时就提到了这些差异。但是，请理解这些差异在以下讨论 T-BC 和 T-TSC 测试方法中的适用性。还要记住，在这些测试测量（尤其是保持）开始之前，DUT 需要一些时间来锁定信号，并且时钟需要额外的时间来稳定。

许多运营商首选 PTP 而不是 1PPS 信号来同步设备，因此测量它几乎没有意义。1PPS 测试唯一有意义的场景是将其用作测量端口时，一名携带现场测试仪的移动工程师前往远程设备，将一个专用测试仪插入 1PPS 端口，并立即获得相位对齐的读数（请参阅 12.5 节）。

当然，为了验证这种方法，运营商应该确保 1PPS 是设备上相位的准确表示。因此，确认 1PPS 信号与 PTP 信号携带的相位紧密对齐是有意义的。大多数测试人员允许同时测量 DUT 的 PTP 和 1PPS TE。

测试此类时钟的另一种方法是使用能够被动监测 PTP 信号的测试仪，测试人员接收 PTP 消息的副本并对其进行测量。这可能更适合于不支持具有测量端口的 DUT，或者时钟分发在多个设备上（例如充当电信透明时钟 [T-TC] 的微波系统）的情况。有关测试由两个独立设备组成的 T-BC 的更多信息，请参见后文。

每个测试的背后都有一些细节，但在本例中，建议中的每个测试都有明确的参考信息，主要是 G.8273.2 和 G.8271.1 中的网络要求。此外，本章末尾还参考了 Calnex Solutions 编写的大量应用程序说明，这些说明涵盖了大多数测试场景。

以下是 G.8273.2 中 T-BC/T-TSC 时钟性能测试的概要：

- 噪声产生：测试仪应用理想信号，测量从 DUT 返回信号的相位误差（T-BC 通过 PTP，T-TSC 通过 1PPS）。因此，测试仪生成时间信号（带有 SyncE 的 PTP），将其发送到主端口，在从端口接收返回信号，并测量通过 DUT 时间信号引入的 TE 量。

  测试仪测量双向时间误差，并根据测试仪上配置的 max|TE|，T-BC 时钟限制通过 / 失败确认。A 类的适当限值为 100ns，B 类为 70ns，C 类为 30ns。D 类的限值仅在通过低通滤波器（LPF）（0.1 Hz）滤波后指定，并允许最大为 5ns。

  测试仪计算 cTE（平均超过 1000s）以及（滤波后）dTE 的 MTIE 和 TDEV。这些计算值用于确认是否符合噪声生成的等级（A、B、C 或 D 类）。对于

cTE,A 类为 ±50ns,B 类为 ±20ns,C 类为 ±10ns（D 类尚未规定）。将（滤波后）dTE 与每种性能等级的相关 MTIE 和 TDEV 掩码进行比较（有关限制的详细信息，请参见表 12-2）。

如前所述，如果 DUT 有 1PPS 输出，则应确认结果也在规范范围内，且与 PTP 的结果形状相同。1PPS 上的峰间 TE 应接近 PTP 双向时间误差。这确保了 1PPS 放置在远程位置后，可以用作精确的测量端口。

请记住，如果配置出现了任何损坏或没有运行 SyncE，则无法将任何结果与标准化值进行比较，以确定时钟类别。测试是否符合建议需要遵循输入信号的规则。关于各种类型 T-BC/T-TSC 的详细信息，参见 G.8273.2 中与噪声产生有关的 7.1 节。

- 输入（参考）信号的相位 / 时间和频率噪声容限：
  测试仪将噪声模式应用于 PTP 消息流和同步频率信号，同时工程师监控时钟行为。通过结果是当 DUT 保持其对参考信号的锁定，而不切换或进入保持状态。

  PTP 噪声是 G.8271.1 中定义的 PDV 特征（它是 MTIE 掩码），并且可以在任意方向应用。这实际上与在时钟链末端应用的 dTE 网络限制相同。这是有意义的，因为链路中最后一个时钟接收所有节点中最多的 dTE，它需要能够容忍允许链路累积的最大 dTE 量。

  频率漂移与 PTP 噪声同时应用于同步输入（参见 12.3.7 节中对 EEC/eEEC 的噪声容限测试）。根据 G.8273.2 的最新版本，A/B 类和 C 类合规性之间的主要区别在于，C 类时钟应满足增强型 G.8262.1 中的频率漂移容限，而不是 G.8262 中的 EEC 规范。

  与同步噪声容限情况类似，时钟的行为也可以通过 DUT（或时钟类）生成的 QL 值进行监控。为了通过测试，时钟不应发出时钟质量级别下降的信号。

- 通过时钟传输相位 / 时间噪声的特征：这是一组许多运营商不会尝试的复杂测试。G.8273.2 第 7.3 条定义了噪声传输的类型，包括：

- PTP-to-PTP 和 PTP-to-1PPS 传输，测量从输入到输出接口的相位 / 时间误差的传输。该测试类似 EEC 时钟的噪声转移测试，因为它测试通带滤波器的特性和性能。通过的标准是，在通带中 DUT 的相位增益小于 0.1 dB。

- syncE 到 PTP 和 syncE 到 1PPS 传输，测量从物理频率接口到相位 / 时间输出的相位漂移传输。此测试也类似之前的测试，因为它测试通带滤波器。测试仪在通带范围内外以不同频率产生一系列输入漂移。由于带通滤波器的上限不同（1 ～ 10 Hz 与 1 ～ 3 Hz），A/B 类时钟与 C/D 类时钟的标准不同，但结果是一样的；通带内的相位增益应小于 0.2 dB。

- 瞬态响应（分组层对物理层瞬态的响应）：该（短）测试包括向同步频率信号添加瞬态，并监控分组层的响应。测试仪生成一个瞬态，其中包括一个降级的 QL 值（约 13s），以指示失去可追溯性，之后返回正常信号。G.8273.2 中有一个掩码，定义了测量的 TE 极限。同样，在执行测试之前，时钟需要一些稳定时间。

- 保持或长期瞬态：在两种情况下测量相位误差。第一种是当 PTP 输入被移除，但同步仍然可用时。第二种情况是两个信号都被移除。对于 G.8273.2 符合性测试，只有第一种情况适用，因为两个信号丢失的行为有待进一步研究。

  测试仪可以使用 DUT 单独执行此测试，尽管许多运营商更喜欢在 DUT 从网络接收信号时执行此测试。这些指标包括应用低通滤波器的 dTE 和用于指示通过 / 失败的恒温和变温的 MTIE 掩码。在恒温条件下，1000s 后的数值为 62 ～ 123nsMTIE，在变温条件下，1000s 后的数值为 63 ～ 173nsMTIE。

  当然，保持测试只能在设置允许时钟稳定下来的一段时间后启动。对于准确的长期测试，最长应为 24 小时。

在所有这些测试中，最受欢迎的性能特性是噪声产生，cTE 是大多数运营商感兴趣的指标。表 12-2 根据噪声产生结果概述了定义 T-BC/T-TSC 适合哪类时钟的参数。

运营商喜欢执行的一些附加测试包括测试 clockClass 变量的行为，以确认在 Announce 消息中传输的值准确反映了 T-BC 的状态。在控制平面处理器的切换或网络中改变首选 GM 的重组等事件期间，检查 PTP 双向时间误差测量也很常见。

本节介绍了 G.8273.2 中支持 FTS 的时钟情况，下面将介绍 PTS 情况以及 T-BC

和 T-TSC 时钟的部分和辅助部分版本。

表 12-2　G.8273.2 边界 / 从时钟的定时分类

参数	条件	A 类	B 类	C 类	D 类
max|TE|	1000s 的未过滤 TE	100ns	70ns	30ns	未规定
max|TE$_L$|	1000s 的 0.1Hz LPF	—	—	—	5ns
cTE	平均 1000s	50ns	20ns	10ns	未规定
dTE$_L$ MTIE	0.1Hz LPF、1000s 恒温	40ns	40ns	10ns	未规定
	0.1Hz LPF、1000s 变温	40ns	40ns	未规定	未规定
dTE$_L$ TDEV	0.1Hz LPF、1000s 恒温	4ns	4ns	2ns	未规定
dTE$_H$	峰峰值、1000s 恒温	70ns	70ns	未规定	未规定

根据 G.8273.4 测试 T-BC-A 和 T-TSC-A

在前面部分中，G.8273.2 涵盖了具有完整路径支持的 PTP 感知时钟的情况。本节基于 G.8273.4，涵盖了网络仅提供部分 PTP 支持，但存在本地时间源以辅助时钟的情况。这些测试用例确认了在运行 G.8275.2 PTPoIP 时，具有辅助部分支持的电信边界时钟（T-BC-A）和具有辅助部分支持的电信时间从时钟（T-TSC-A）的性能。在辅助（T-BC-A 和 T-TSC-A）情况下，网络中没有可用的频率辅助。当然，频率可以从本地来源获取，但 G.8273.4 没有这方面的测试用例。

根据 G.8273.2 的要求，测试方法与前面描述的测试方法相同，因此图 12-17 对于测试设置仍然基本有效。这些测试与之前的 FTS 案例之间的主要区别在于，辅助时钟有两个可能的参考输入信号：本地时间源（例如，通过 1PPS）作为主时钟，以及通过 PTS 网络与远程 T-GM 对齐的 PTP 从端口。

由于 PTP 是远程的，1PPS 是本地的，因此 PTP 输入限制是基于 G.8271.2 链路末端的网络限制，而 1PPS 限制是基于链路起始处的限制。例如，对于 PTP 输入，时钟必须能够容忍可能出现在定时链路末端的噪声限制，而它只需要容忍由 PRTC（在链路初端）产生的 1PPS 噪声。

图 12-18 显示了测试 T-BC-A 时钟的可能测试拓扑。

T-BC-A PTP 本地参考如图所示，新的因素是 T-BC-A（和 T-TSC-A）时钟可以通过 1PPS 信号（左侧）从本地 PTP 时钟（右侧）或 PRTC 时钟接收本地参考信号。尽管这是一个有效设置，但 G.8273.4 尚未规定本地时钟是 PTP 时钟情况下的限制，仅当其使用 1PPS 时成立。

图 12-18 显示，DUT 还配备了一个 PTP 端口（标有 S'）——通过部分感知网络与远程 T-GM 对齐的从端口。该端口将在本地时钟中断期间用作备份源。在本测试中，该输入端口与 T-BC 端口类似，尽管该端口上没有包含频率输入的测试用例。

在图 12-18 的中心，PRTC/T-GM 显示为 PTP 从端口的参考源，但对于某些测试用例，测试仪必须配置为 DUT 上该 PTP 从端口的主输入，以便可以将噪声加入信号。

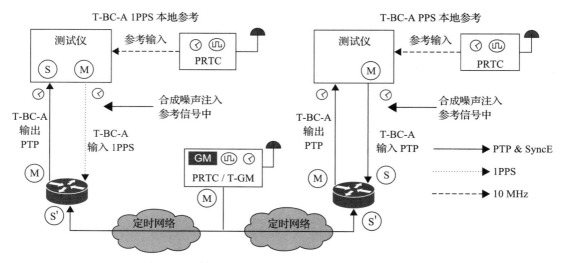

图 12-18　使用 1PPS 或 PTP 输入测试 T-BC-A 时钟

当 T-BC-A 或 T-TSC-A 有一个嵌入式 GNSS 接收机作为本地时间源时，会出现一个问题。在这种情况下，测试仪没有用于注入生成测试的端口，因为该连接器位于 DUT 内部。T-TSC-A 可能更难测试，因为它可能只配备一个 1PPS 端口，如果需要从测试仪注入生成的信号，则没有可用的 1PPS 用作测量端口。当然，不能使用 PTP 主端口测量 T-TSC-A，但可以选择 T-BC-A。

G.8273.4 建议尚未规定依赖远程 PTP GM 时钟的保持限制；它仅指定本地时间源丢失且备份 PTP 源不可用的情况（辅助振荡器情况）。因此，这些组件不需要存在，除非工程师希望在本地源故障但 PTP 从时钟提供辅助信号期间进行网络相位对齐测试（请参阅本章前面的 12.3.6 节）。

关于设备限制，建议中提供了大量参考信息，特别是 G.8273.4（第 7 条）中的时钟限制和 G.8271.2 中的网络限制。以下是 G.8273.4 中 T-BC-A/T-TSC-A 时钟性能测试的概要。

- 频率精度：确认在自由运行时，时钟振荡器的精度在标称频率（以太网信号）的 4.6×10^{-6} 以内。没有强制要求使用频率参考，这与独立 EEC 时钟对频率精度的要求相同。有关更多详细信息，请参阅 12.3.7 节中的频率精度测试。

- 噪声产生：测试仪施加理想信号，并测量从 DUT 返回信号的相位误差。因此，与 T-BC/T-TSC 一样，测试仪生成一个时间信号，将其发送到一个端口，另一个端口接收返回信号，并测量通过 DUT 时间信号引入的 TE 量。G.8273.4 目前仅在 1PPS 为 DUT 的输入信号时定义了噪声产生限制，而在 PTP 传输时未定义。

  T-BC-A 的输出在 1PPS 输出和 PTP 主端口处进行测量；T-TSC-A 的输出在 1PPS 输出（如果可用）处进行测量。

  与 G.8273.2 的情况不同，max|TE| 的极限值目前有待进一步研究。测试仪计算 cTE（平均超过 10000s）和（滤波后）dTE 的 MTIE 和 TDEV。对于 cTE，适用于 A 类的限值为 ±50ns，适用于 B 类的限值为 ±20ns（与 T-BC/T-TSC 情况相同）。dTE_L（0.1Hz 滤波后）峰峰间应小于 50ns（同样，测试时间超过 10000s），而 dTE_H 限值有待进一步研究。

  有关 T-BC-A/T-TSC-A 时钟的噪声产生限制和性能的更多信息，请参见 G.8273.4 的 7.2 节。

- 输入（PTP 或 1PPS）信号的相位 / 时间噪声容限：测试仪在工程师监控时钟行为的同时，将噪声模式施加于定时输入信号。合格的结果是，DUT 应保持其对参考信号的锁定，而不切换或进入保持状态。

  PTP 噪声是作为输入施加的峰峰 pktSelected2wayTE（PKT 选择的双向时间误差）网络限值（G.8271.2 7.3.1.1 条中的 1100ns），仅在选项 1 网络中定义。这是时钟链路末端允许的最大限制，因此时钟必须能够接受它作为输入。对于 1PPS 输入，极限由 100ns 的时间误差最大绝对值定义，这是 PRTC 输出时可能出现的时间误差最大绝对值。当 DUT 具有嵌入式 PRTC 时，1PPS 情况不适用，因为可能没有 1PPS 端口提供输入。

此外，T-TSC-A 必须在其 1PPS 输出时保持 TE_L 的最大绝对值（0.1Hz LPF）不大于 1350ns（仅在 T-TSC-A 位于终端应用外部的情况下）。该值比正常的 1100ns 多 250ns，因为通常的 400nsTE（终端应用中嵌入 T-TSC）分为两部分：250ns 用于 T-TSC-A 中的保持，150ns 用于最终的 TE。因此，1350ns 限值适用于进入最终应用的 T-TSC-A 的输出（可能是 1PPS 信号）。

- 通过时钟传输相位/时间噪声的特性：G.8273.4 仅定义了一种类型的噪声传输，即 1PPS 输入到 PTP 输出或 1PPS 到 1PPS 的噪声传输。与 T-BC/T-TSC 情况一样，合格的标准是 DUT 的相位增益应小于 0.1dB。

- 瞬态响应（在 1PPS 输入中断期间 PTP/1PPS 输出的响应）：该测试涉及本地 1PPS 时间信号的丢失、信号的随后返回，以及同时监测输出的响应。在丢失期间，瞬态响应需要小于 22nsMTIE，恢复后，瞬态响应需要再次小于 22nsMTIE。在丢失期间，瞬态响应还应满足下一个测试用例中定义的保持要求。

- 保持或长期瞬态：测量辅助时钟在两种情况下的相位误差。一种是当本地时间输入（1PPS）已移除且远程 PTP 信号仍然可用时，另一种是当两个信号都不存在且时钟根据其振荡器进入保持时。

对于振荡器保持情况，测试仪测量 1000 s 以上的相位误差，并将其绘制在一个从 1000 s 后上升到 1μs 的掩码上。再次，保持测试只能在设置允许时钟稳定下来的一段时间后启动。对于准确的长期测试，最长应为 24 小时。

坦率地说，辅助时钟的测试并不频繁，在某些方面，这些测试比 G.8273.2 案例更简单，还有许多可能的案例组合尚未指定。这是因为辅助场景有更多难以建模和控制的因素。还有一个原因是 G.8273.4 是一份较新的文件，因此随着时间的推移，可能会出现更多限制和案例的定义。辅助时钟就是这样，现在让我们看看无辅助 PTS 时钟的情形，这可能是一个更现实的测试场景。

根据 G.8273.4 测试 T-BC-P 和 T-TSC-P

在前面部分中，G.8273.4 涵盖了 PTP 感知时钟具有本地辅助的情况。本节同样基于 G.8273.4，涵盖了网络仅提供部分支持而无本地时间源的情况。具有部分支持的电信边界时钟（T-BC-P）和具有部分支持的电信时间从时钟（T-TSC-P）也运行 G.8275.2 PTPoIP，并且使用的物理频率源（如 SyncE 或 eSyncE）是可选的。如果将 SyncE 用作频率源，则 T-BC-P/T-TSC-P 时钟必须实现一个辅助时钟，以满足 G.8262 的时钟要求和 G.8264 的 ESMC 能力。如果将 TDM 信号用作频率源，则必须满足 G.813 的时钟要求和 G.781 的 SSM 要求。

根据 G.8273.2 关于 T-BC/T-TSC 的建议，测试方法等同于前面描述的测试方法，因此图 12-17 对测试设置仍然有效。

关于设备限制，可以使用相同的参考信息来源，特别是 G.8273.4（第 8 条）中的时钟限制和 G.8271.2 中第 7.3.2 条中的网络限制。以下是 G.8273.4 中 T-BC-P/T-TSC-P 时钟性能测试的概要。

- 频率精度：确认在自由运行时，时钟振荡器的精度在标称频率的 4.6×10^{-6} 范围内。

- 噪声产生：测试仪施加理想信号，并测量从 DUT 返回信号的相位误差。在这种情况下，测试仪生成 PTP 信号，通过 DUT 将其传递到测量端口，并测量引入的 TE 量。

  T-BC-P 的输出在 1PPS 输出和 PTP 主端口处进行测量；T-TSC-P 的输出在 1PPS 输出（如果可用）处进行测量。

  与辅助示例相同，时间误差的最大绝对值目前有待进一步研究。测试仪计算 cTE（平均超过 10000s）和（滤波后）dTE 的 MTIE 和 TDEV。

  对于 cTE，适用于 A 类的限值为 ±50ns，适用于 B 类的限值为 ±20ns（与 T-BC-A/T-TSC-A 情况相同）。dTE_L（0.1Hz 滤波后）峰峰值应小于 200ns（同样，测试时间超过 10000s），而 dTE_H 限值有待进一步研究。

  有关 T-BC-P/T-TSC-P 时钟的噪声产生限制和性能的更多信息，请参见 G.8273.4 8.2 节。

- 输入（PTP 和 SyncE）信号的相位 / 时间和频率噪声容差：测试仪对定时输入信号施加噪声模式，同时工程师监控时钟行为。通过测试的结果是，DUT 应保持其对参考信号的锁定，而无须切换或进入保持状态。

PTP 噪声是作为输入施加的 max|pktSelected2wayTE | 网络限制（G.8271.2 第 7.3.2.1 条中的 1100ns，仅在选项 1 网络中定义），这是时钟链路末端允许的最大 TE。频率漂移容限必须与 G.8262 中的 EEC 相同，其中规定了 MTIE （选项 1）和 TDEV（选项 1、2）掩码。有关详细信息，请参阅 12.3.7 节。

此外，T-TSC-P 必须在其 1PPS 输出时保持 max|TE$_L$|（0.1Hz LPF）不大于 1350ns（仅当 T-TSC-P 位于终端应用外部时）。该值为 250ns，因为正常情况下的 400nsTE（终端应用中嵌入了 T-TSC）分成两部分：250ns 用于 T-TSC-P 中的滞留，150ns 用于最终应用。

- 通过时钟传输相位 / 时间噪声的特性：测量 TE 从输入到输出接口的传输，从 PTP 到 PTP 和从 PTP 到 1PPS。这将测试通带滤波器的特性和性能。与其他情况一样，为了通过测试，DUT 的相位增益应小于 0.1dB。

  目前尚未规定物理频率到 PTP 或 1PPS 的传输。

- 瞬态响应（PTP 输入中断期间 PTP/1PPS 输出的响应）：该测试涉及 PTP 时间信号的丢失、信号的随后返回，以及同时监测输出的响应。在丢失期间，瞬态响应需要小于 22nsMTIE，恢复后，瞬态响应需要再次小于 22nsMTIE。在丢失期间，瞬态响应也应满足下一个测试用例中定义的保持要求。

  当前未规定物理频率源切换期间或频率和 PTP 信号切换期间 PTP/1PPS 输出的瞬态响应。

- 保持或长期瞬态：测量辅助时钟在两种情况下的相位误差。一种是当 PTP 输入已移除且物理频率信号仍然可用时，另一种是当两个信号都不存在时，时钟根据其振荡器进入保持时。

  对于振荡器保持情况，测试仪测量 1000s 以上的相位误差，并将其绘制在一个从 1000s 上升到 1μs 的掩码上（与辅助情况相同）。

  在 SyncE 等频率源仍然可用的情况下，限制与 T-BC/T-TSC 情况相同。该测试在应用 LPF 的情况下计算 dTE，恒温和变温都有一个 MTIE 掩码，用于指示通过 / 失败。在恒温条件下，1000s 后的数值为 62 ～ 123nsMTIE，在变温条件下，1000s 后的数值为 63 ～ 173nsMTIE。

同样，保持测试只能在设置允许时钟稳定下来的一段时间后启动，对于准确的长期测试，最长应为 24h。

根据经验，就像 T-BC-A 和 T-TSC-A 辅助时钟的测试用例一样，这些测试并没有被广泛执行。一般来说，工程师对 G.8273.2 中的 T-BC 案例更感兴趣。

根据 G.8273.3 测试 T-TC

一种稍有不同的测试形式涉及 T-TC。测试布局与 T-BC 的情况非常相似，PTP 和 SyncE 传送到 T-TC 的一个端口，并返回另一个端口供测试仪测量。主要区别在于，测试仪直接确认写入 SyncE 和 Delay_Req 消息校正字段中值的准确性。图 12-19 显示了支持测试所需的拓扑结构。

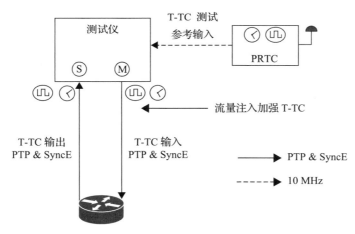

图 12-19　测试 T-TC 透明时钟

测试人员可以通过在出口和入口分别为分组添加时间戳来确定实际延迟，然后比较延迟和 T-TC 写入 CF 值之间的差值（电缆的传播时间输入测试仪并校准）。工程师可以将测试仪配置以生成一步和两步 PTP 分组流，并确保两种方案的正确行为。也可以在不同的流量模式和优先级下运行这些测试，以确认 T-TC 在高流量情况下是否保持其准确性。

ITU-T G.8273 附录 A.4 和 B.4 中包含了关于测试这些时钟的更多信息，以及 G.8273.3 中规定的设备限制可供参考。

请注意，为了提供最佳性能，T-TC 需要连接到一种物理频率，当然，提供该信号的最可能选择是 SyncE 或 eSyncE。需要该信号的原因与测试人员需要该信号的原因相同。T-TC 需要测量 PTP 消息驻留在时钟中的传输时间，因此振荡器需要准确。G.8273.3 建议 T-TC 应与外部频率参考同步，以消除因振荡器不准确而产生的误差。

与 T-BC 建议一样，G.8273.3 规定 T-TC 可以在 A 级或 B 级性能水平上运行，最新版本还增加了 C 级。为了达到 C 级水平，T-TC 时钟只能与 eSyncE 时钟（来自 G.8262.1）结合使用。用于定义性能等级的许多数值与 T-BC 情况下的数值相同。

以下是 G.8273.3 中 T-TC 时钟性能测试的概要：

- 噪声产生：测试仪施加理想信号（PTP 和 SyncE），向主端口发送消息，在从端口接收返回信号，并测量通过 DUT 的时间信号引入的时间误差。

  测试仪测量双向时间误差（见上册第 9 章），并根据规定的时间误差的最大绝对值 T-TC 时钟限值确认通过 / 失败，例如 A 类为 100ns，B 类为 70ns。目前，未规定 C 类的值。测试仪还计算 cTE（平均超过 1000s）和（滤波后）dTE 的 MTIE。

  这些计算值用于测量噪声产生等级（A、B 或 C 类）的符合度。对于 cTE，当平均时间超过 1000s 时，A 类为 ±50ns，B 类为 ±20ns，C 类为 ±10ns（与 T-BC 情况相同）。

  将 dTE_L（滤波后）与每类性能的相关 MTIE 值进行比较。对于恒温超过 1000s 的 dTE_L（0.1Hz LPF），A 类的限值为 40ns，B 类的限值为 40ns，C 类的限值为 10ns。对于变温超过 10000s 的 dTE_L（0.1Hz LPF），A 类的限值为 40ns，B 类的限值为 40ns，而 C 类的限值尚未规定。dTE_L 的 TDEV 结果尚未指定。

  对于 A 类和 B 类，超过 1000s 的 dTE_H（使用 0.1Hz 高通滤波器 [HPF] 滤波后）必须小于 70ns，而 C 类的值尚未指定。

- 输入（参考）信号的相位 / 时间和频率噪声的容限：目前，仅使用物理方法而非 PTP 方法来指定 T-TC 的同步（频率同步）能力，因此没有关于通过 PTP 消息流的相位 / 时间噪声容限的规范。

  T-TC 必须能够承受与 A 类和 B 类同步时钟（G.8262）相同的频率噪声（漂移容限），以及与 C 类同步时钟（G.8262.1）相同的频率噪声。请参阅前面的 12.3.7 节。

- 通过时钟传输相位 / 时间噪声的特性：与噪声容差测试用例类似的原因，没有 PTP 噪声传输到 PTP 或 PTP 到 1PPS 的规范。

  SyncE 到 PTP 噪声传输测量了从物理频率接口到相位 / 时间输出的噪声传输。对于 T-TC，该噪声会影响驻留时间的测量（物理信号中的漂移在 CF 测量中显示为不准确）。由于带通滤波器的限值不同（SyncE 为 1 ～ 10 Hz，eSyncE 为 1 ～ 3 Hz），因此 A 类和 B 类与 C 类时钟的标准不同。但结果是一样的，通带内的相位增益应小于 0.2dB。

- 瞬态响应规范：尚未指定（ITU-T 建议中为"进一步研究"）。

- 保持或长期瞬态：不适用于 T-TC，因为它与 PTP 消息流没有相位对齐。

T-TC 的测试规范应尽可能与 T-BC 相同。这对于预算编制来说非常方便，因为它从噪声产生性能的角度来看，允许 T-BC 和 T-TC 得到几乎相同的处理。在过去几年中，没有看到许多运营商进行 T-TC 测试，这是因为 T-TC 并不是一种流行的部署选择，大部分工作都集中在对 T-BC 的测试上。

测试（级联）媒体转换器

在测试由两个背靠背配置相互连接的网络组件组成的 T-BC 时钟时，考虑因素略有不同。在 PTP 术语中，这些设备被称为"媒体转换器"，ITU-T 建议（如 G.8273 中的附录 A）中有一些章节描述了它们的性能。

这种情况可能出现在 T-BC 没有可直接连接到定时测试仪接口的实验室中。可能 DUT 需要使用测试仪不支持的以太网变体（如编写本文时的 400GE），或测试仪不支持或无法识别的某些专用光学器件进行测试。

当 DUT 是传输链路的一部分时，使用微波、无源光网络（PON）或成对电缆等技术时，也会出现类似的问题。它可能有一个以太网端口，可以接收来自测试仪的定时信号，但缺少一个端口返回用于测量的输出信号。返回信号来自第二个设备。

在这种情况下，测试它的方法是背对背的设备，如图 12-20 所示。

测试仪将生成的测试信号引入一台设备，该设备将转换为专用媒体。连接在该链路另一端的另一个设备将恢复时钟，并使用 PTP 和 SyncE 将定时信号返回给测试仪。最后，测试仪测量这对设备的 TE 特性，包括媒体。

请注意，我们没有在这些传输上测试 PTP 的传输。事实上，对于其中一些传输方案，我们知道它们会产生不可接受的 PDV 和不对称性，且这些情况并非是由于设备完全不了解 PTP 而产生的。

在这种情况下，这些设备对充当一个双设备分布式 T-BC；它们在从端口上的 PTP 恢复时钟，使用一些本机机制携带频率和相位，并在第二个设备的主端口重新生成时钟信号。

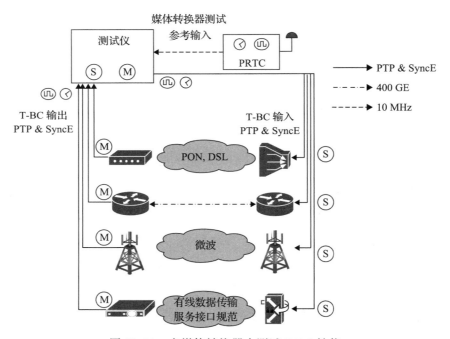

图 12-20　在媒体转换器中测试 T-BC 性能

出现问题的原因是，测试人员测试两个节点而不是一个节点作为 T-BC，因此需要一种新方法来比较建议中的设备限制。G.8273.2 的附录 V 给出了测试 T-BC 性能时解决这种情况的详细信息。以下为在级联媒体的情况下如何处理各种测试用例。

- 噪声产生：总的来说，cTE 是线性相加，dTE_L 是以均方根（RMS）累积的，而 dTE_H 与单个时钟保持相同的值。

当测试 cTE 时，要求为 ±50ns，以满足单个 T-BC 时钟的 A 类要求。如果时钟由两个节点组成，那么如果 cTE 小于 ±100ns（每个节点加上 ±50ns），它们仍然可以满足 A 类要求。

由于滤波的结果不同，dTE_L 累积的处理方式也有所不同。通常，A 类要求为 40ns，但在背靠背测试两台设备时，会使用累积误差的均方根（RMS）。当组合两个 A 类设备时，使用 40ns 的 RMS+40ns，接近 57ns。这可以四舍五入为 60ns，因此，如果测量的 dTE_L 低于 60ns，那么用这种方法测试一对时钟将符合 A 类要求。

dTE_H 不会累积，因为第一设备的噪声基本上被第二设备过滤。因此，峰峰值限制与单个设备相同。

max|TE| 是上述所有时间误差（TE）绝对值的最大值，累积了两个设备的 cTE、dTE_L 和 dTE_H 值。但有一个复杂的问题是，在计算时间误差的最大绝对值时必须考虑 dTE_H 的对称性。G.8273.2 的附录 V 为这种不对称性提出了两种假设或方法，以计算时间误差的最大绝对值，并对两种情况的结果取平均得出一个值。对于 A 类、B 类和 C 类，时间误差的最大绝对值分别为 160ns、100ns 和 45ns，详见附录五。

- 噪声容限：噪声容限与单个时钟相同；仅仅因为下行有不同形式的媒体，但并不意味着该时钟对噪声的容差应该降低。
- 噪声传输：在时钟对的输出端，PTP 到 PTP 或 PTP 到 1PPS 的噪声传输应在 0.1Hz 的带宽下具有 0.2dB 的最大相位增益。
- 瞬态响应：有待进一步研究，目前尚未指定要求。
- 保持要求：这不应改变，尽管性能取决于媒体转换器接口故障期间是否仍有可用的频率信号。如果不可用，则情况与振荡器保持相同。
- 请注意，对于噪声产生，可以使用类似的方法来计算定时网络中单节点 T-BC 时钟链的组合误差。从 MTIE 和 TDEV（如 dTE_L）得出的值会以平方和的平方根累积，而 cTE 值则为简单地相加。

12.3.9　重要的测试

我们能够理解，多数读者对时钟规范中性能限制的各种可能的测试用例细节感到疲惫。对于供应商和关注时间性能因素的工程师来说，许多测试非常重要，而且会被仔细、系统地执行。但对于那些只对部署 5G 感兴趣的运营商来说，一些人可能会明显怀疑测试过多。为了方便起见，下面列出了日常部署中重要的测试。

- 端到端网络频率漂移：频率漂移测试易于设置和执行，因此执行它们是有意义的。SyncE 很少会出现性能问题，但如果使用频率测试来检测网络中的定时环路，则可能需要进行频率测试。另一种可能的（故障排除）情况是，链路中的每个节点似乎都在忠实地再现频率信号，但硬件却没有实现它声称的功能（在 ESMC 值中）。请参阅 12.5.5 节。

- 端到端网络相位对齐：使网络保持在相位上是本书的目标，所以测量相位对齐是有意义的。每个运营商都希望执行这些测试，以了解定时分发网络末端的相位对齐情况，以及在各种条件和事件下的相位对齐情况。

- 保持：了解当 PTP 和 SyncE（或两者）信号在定时网络中中断时，下行时钟会发生什么至关重要。通常，大多数运营商通过移除链路中最后一个时钟的定时信号并随时间监控相位对齐情况来测试这一点。这也是一个很好的测试，来研究同步辅助保持和振荡器保持之间的差异。

- 网络重新排列：这种测试发生在定时链的 T-GM 失败并且网络选择另一个源，或者最后一个时钟的上行发生网络重排的情况下。类似的情况涉及在控制平面处理器切换等事件中监控时间误差。

- 频率时钟（EEC/eEEC）测试：最常见的频率测试是漂移噪声生成，但即使如此，大多数工程师对在单个节点上测试同步时钟性能并不感兴趣。例外情况是对 TDM 链路电路仿真感兴趣的运营商，他们喜欢测量频率。

- G.8273.2 T-BC/T-TSC 时钟性能：这显然是最受欢迎的测试集。几乎所有对相位 / 时间部署感兴趣的运营商都想测试 T-BC 的性能。最受欢迎的是噪声生成测试，特别是测量 max|TE| 和 cTE。对于具有冗余控制平面处理器的平台，在切换期间测量 PTP 双向时间误差（和漂移生成）也非常流行。

- 功能测试：这些测试中最有用的部分是时钟质量变量（在 Announce 消息中）在 T-BC 或 T-GM 中各种状态变化期间的行为。这同样适用于 ESMC QL 消息。检查这些变量的值在切换、获取、T-GM 故障切换和保持等事件中是否符合期望，这一点很重要。

运营商比其他任何人更频繁地执行前面测试用例的原因是，当想获得设计认证和部署解决方案时，这些测试用例是重要的。我们一致同意，这些要点涵盖了你应该需要的大部分内容。还请记住，如果你不关心相位 / 时间，那么你只需要执行前面与频率相关的测试用例。

这个清单是一个很好的开始，但是当你看到展开的结果时，你应该准备好进入其他领域。最后一条建议：永远不要留着未解决的问题走出实验室。总有一天，这个问题会在最糟糕的时候再次出现，并要求立即给出答案。测试用例的运行时间有限，但移动网络必须全年无休地运行。

12.4　自动化和保障

网络提供商和运营商总是面临着以无错误、灵活和敏捷的方式提供新服务的挑战。当然，运营商想要做的只是向其最终客户提供服务，但需要将这一目标映射到多个网络元素的配置中。如果网络是多供应商的，并且每个供应商都有自己的配置、监控和控制管理界面，这将变得更加困难。

同样的问题出现在为定时信号配置路径时，对于网络而言，定时信号只是另一种服务。理论上，运营商希望在 GM 到 BC 再到远程应用程序的所有 PTP 网络元素中实现端到端的配置和可见性。为了使网络运行良好且高效，还必须有一套强大的 PTP 性能指标和监控工具。

IEEE 1588-2008 规定了用于 PTP 时钟配置和性能管理的管理节点（配置和监控时钟的设备）。管理节点可以通过 PTP 管理消息读取和写入其他 PTP 节点中的参数。管理节点本身不参与同步或 BMCA，仅用于 PTP 时钟的管理。有关管理节点的更多详细信息，请参阅上册 7.4 节。但是，请注意，任何电信配置文件都不支持管理节点和 PTP 管理消息。

这里的目标是提供一种机制，使一个或多个节点可以通过管理消息对其他 PTP 节点上的一系列参数（IEEE 1588-2008 中称为数据集）执行操作，如 GET 和 SET。目标 PTP 节点将以 OK 或非 OK 状态回复每个 GET 或 SET，以指示操作的结果。

有关管理节点和管理消息的详细信息，请参阅 IEEE 1588-2008 第 15 章。

IEEE 1588-2008 并不总为可选功能指定数据集。IEEE 1588-2019 对 IEEE 1588-2008 中的可选功能进行了改进，并添加了几个新功能（有关详细信息，请参阅 IEEE 1588-2019 第 16 条和第 17 条）。此外，IEEE 1588-2019 规定了所有这些可选功能以及标准功能的数据集。如果一个功能可以远程管理，那么 IEEE 1588-2019 将指定一个数据集，显然数据集将成为管理的信息模型。

然而，这种在没有任何全面内置安全系统的情况下使用管理消息的方法可能会使 PTP 时钟暴露于来自网络内部的多种攻击。因此，大多数设备供应商要么不推荐这些管理消息，要么已将其禁用。如前所述，许多配置文件都不支持它们，包括电信配置文件。然而，如果我们不能对定时网络进行监控和管理，那么设计一个精确的定时网络是不够的。因此，IEEE 和 IETF 定义了其他机制，以提供定时设备的详细状态和性能统计信息。

12.4.1　SNMP

网络运行的历史表明，SNMP 是一种很好的故障处理机制（将 SNMP 陷阱发送到集中式采集器进行故障隔离）和设备监控机制（例如，能够检索性能数据）。随着越来越多地采用 PTP 进行定时分发，显然需要一个 SNMP 管理信息库（MIB）来将类似的管理技术应用于定时。

IETF 在 RFC 8173 中提出了一个标准"精密时间协议版本 2（PTPv2）管理信息库"。实际上，本提议的标准日期为 2017 年 6 月，自那时起未进行更新，并且不适用于 PTPv1。从电信配置文件的角度来看，RFC 8173 只考虑了 G.8265.1 电信配置文件的频率，其他配置文件都超出了其范围。

与 YANG（Yet Another Next Generation）模型非常相似，该 SNMP MIB 侧重于管理标准 PTP 数据元素，在 IEEE 1588-2008 版中存在一些缺陷。IEEE 还有一个项目将起草 1588-2019 的修正案，以定义支持新版本的 MIB。有关这两个主题的更多详细信息，请参阅下面关于 YANG 开发的内容。请注意，目前没有为 ITU-T G.8275.1 配置文件定义 MIB，这使得 SNMP 不适合管理大多数基于广域网的定时解决方案，包括用于移动设备的定时解决方案。

另一方面，有特定于供应商的 MIB 可用于 PTP 时钟的管理。例如 CISCO-PTP-MIB，它捕获了 PTP 配置和性能监控的许多元素。

虽然 SNMP 被广泛采用，但它存在一些不足之处，不适合用于配置管理。其中一个主要原因是 SNMP 同时处理配置和非配置数据。这种混合使得即便是实现配置备份和恢复等基本网络自动化功能也变得困难，因为不清楚 MIB 的哪些元素用于配置。

另一个问题是，从架构上讲，SNMP 是一个设备视图，而不是网络和服务视图。运营商不再希望管理设备，而是希望配置和管理网络和 / 或服务。例如，如果一个接口开始出现错误，SNMP 会提醒网络管理系统（NMS），路由器 "Fred" 上的接口 GE 10/1 显示了非常高的错误计数。但 SNMP 并没告诉运营商，为 ACME Incorporated 提供服务的链路具有极高的服务级别，并且运营商有合同承诺在规定的时间限制内将其降级状态告知客户。

这种差距以及其他管理协议（如 CORBA、SOAP 等）的一些缺点，促进了 NETCONF 和 YANG 的开发。

12.4.2　NETCONF 和 YANG

2006 年，IETF 在 RFC 4741（现由 RFC 6241 更新）中发布了网络配置（NETCONF）规范，以提供安装、操作和删除网络设备配置的机制。NETCONF 在配置数据和协议消息中使用基于可扩展标记语言（XML）的数据编码，其已被主要网络设备供应商采用，并已获得业界的大力支持。此外，其他（非网络）设备的供应商也开始在其设备上支持 NETCONF。

YANG（Yet Another Next Generation）是一种数据建模语言，用于对网络配置协议（如 NETCONF）使用的配置、状态数据和管理操作进行建模。YANG 最初于 2010 年 9 月发布在 RFC 6020，并于 2016 年 8 月由 RFC 7950 更新为 YANG 1.1。YANG 允许定义一个统一的模型来描述服务和设备配置，称为 YANG 模型。

中央网络协调器（或网络配置服务器）利用 YANG 模型使用 NETCONF 协议

（这与 PTP 管理节点不同）配置网络中的设备。因此，NETCONF 协议是一种作用于 YANG 模型的通用实现，在概念上与 SNMP 作用于 MIB 的方式相同。理论上，一个新的网络服务只需要一个新的 YANG 模型就可以实现网络范围的配置。

虽然 YANG 模型已经针对许多协议进行了标准化，但在撰写本文时，PTP 的标准化 YANG 模型仍然不完整。IETF RFC 8575 于 2019 年 5 月发布，是 PTP 数据模型的拟定标准。该模型仅针对 IEEE 1588-2008 默认配置文件，这意味着数据模型仅包括 IEEE 1588-2008 指定的标准数据集成员。

IEEE 1588-2008 的可选功能（如第 16 条和第 17 条所述）并未总是指定数据集，因此不清楚如何使用数据模型管理这些功能。IEEE 1588-2008 版本中的几个缺陷在 2019 版本中得到了纠正，这将简化模型的开发，例如将所有功能作为数据集进行管理。同样，该 RFC 中的模型不包括电信配置文件，因为这些配置文件中有 IEEE 1588-2008 中未覆盖的功能。

此类遗漏（尽管不是故意的）和网络协议的持续演变是 YANG 已预期到的，该标准有一项允许扩展数据模型的规定。对于因 1588 的更高版本或某些特定概要文件而对数据模型进行的任何更新，将导入原始 1588 模型，并添加带有 augment YANG DML 关键字的附加元素。随着 RFC 8575 成为标准，期望它将得到改进，包括 IEEE 1588-2019 以及 ITU-T 建议（如 G.8275.1、G.8275.2 等）规定的不同配置文件所需的元素和数据集。

因此，就目前而言，RFC 8575 为 IEEE 1588-2008 提出了 YANG 模块的层级结构，其中包括设备、定时端口和时钟数据集的查询和配置。时钟信息的查询和配置包括以下内容。

- 时钟节点中的时钟数据集属性，例如当前数据集、父数据集、默认数据集、时间属性数据集和透明时钟默认数据集（有关这些数据集的详细信息，请参阅上册第 7 章）。
- 端口特定的数据集属性，例如端口数据集和透明时钟端口数据集。关于这些数据集的详细信息，请参见上册第 7 章。

在 IEEE 1588-2008 中，各种 PTP 数据集的每个成员被划分为以下类别之一。

- 可配置的：可由管理节点读取和写入该值（例如时钟的域号）。

- 动态的：该值只能读取，但该值会通过正常的 PTP 协议操作进行更新（例如默认数据集的 clockClass）。
- 静态的：该值只能读取，并且该值通常不会更改（例如两步标志）。

有关每个 PTP 数据集分类的详细信息，请参阅 IEEE 1588-2008 或上册第 7 章中的各种数据集概述。

为了处理元素可以在不同类别间进行更改的情况，RFC 7950 指定了一种偏差机制，通过该机制可以更新字段的类别。在未来的实现中，如果数据集的只读元素变为读写，并且管理节点可以对其进行更新，那么可以调整 YANG 模型以允许该操作。

除了 RFC 8575 中提出的模型，一些设备供应商也在设计和实施他们自己的专有模型，这些模型描述了 PTP 时钟的配置和性能方面。基于 Cisco XR 的 PTP 时钟的 YANG 模型就是这样一个例子。

图 12-21 说明了使用 NETCONF 和 YANG 从中央管理节点管理 PTP 时钟的简化机制。请注意，该图说明了一个理论模型，在撰写本文时，只有使用专有的 YANG 模型，并且拓扑中的所有设备都支持 NETCONF 和 YANG 时，才能实现该模型。

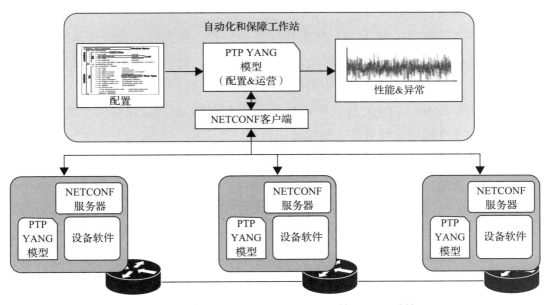

图 12-21　使用 NETCONF 和 YANG 管理 PTP 时钟

为了配置和提供全面的性能监控，这些专有的 YANG 模型超出了已经提出的标准化模型。基于 Cisco XR 的 PTP 时钟的 Cisco 专有 YANG 模型就是这样一个例子。他们对这个 YANG 模型的实施有两个主要类别和多个子类别。

- 配置模式：此模式下的不同子类别包括通用配置和设备特定配置。例如，Cisco 有 Cisco IOS XR ptp cfg.yang 和 Cisco IOS XR ptp pd cfg.yang。
- 用于监控运行参数的型号：Cisco-IOS-XR-ptp-oper.yang、Cisco-IOS-XR-ptp-pd-oper.yang 和 Cisco-IOS-XR-ptp-pd-oper-sub1.yang，这些模型刻画了提供 PTP 时钟状态操作视图所需的数据元素。

这些 YANG 模型可以被继承，并且可以被网络管理解决方案（使用 NETCONF 或其他协议）用于配置和管理网络中的 PTP 时钟。在撰写本文时，很少有解决方案可以通过 NETCONF/YANG 专门管理同步和 PTP 时钟，至少在电信配置文件中是这样。

几乎所有运营商都使用不同方法的组合来管理网络设备。以下是其中一些方法：

- 具有直接连接（通过 SSH/Telnet）的命令行界面（CLI），用于配置、收集统计信息和进行故障排除。
- 使用专有的 SNMP MIB，主要用于性能监控，作为自动化管理系统的一部分。Cisco 演进的可编程网络管理器（EPNM）就是这样一个管理解决方案的例子，它为 Cisco 设备提供同步和 PTP 时钟的自动化和保证。
- 使用标准 NETCONF 协议和专有型号进行配置、性能监控和故障排除。
- 从用于性能监控的设备上传输遥测数据。
- 其他标准制定组织，如 IEEE，也在研究 YANG 数据模型，以补充其现有的 PTP 规范。目前正在进行两个项目。
- P1588e：负责 1588 标准的组织正在对 IEEE 1588-2019 版本进行多项修订。该特定项目 P1588e 的重点是为 1588 标准中包含的所有 PTP 数据集指定 MIB 和 YANG 数据模型。目标是生成指定 MIB 和 YANG 数据模型的模块文件，并使其可公开访问。
- P802.1ASdn：负责 802.1AS PTP 配置文件的组织正在为该 PTP 配置文件的

2020 版本定义一个 YANG 数据模型。目标是允许在基本标准中配置和报告所有受管对象。由于 802.1AS 中的许多受管对象都源自 1588，因此该模型从 P1588e 中进行扩展是有意义的。

SyncE 和 PTP 的自动化和保证方面开始不断发展，并将以相当快的速度推进。这方面的标准化活动直到现在才开始得到重视，如将 YANG 模型推广到 IEEE 1588-2019 的项目、电信配置文件和频率同步。一旦这些标准变得稳定，就会被很快采用。使用单一、统一的方式以及完全不依赖于供应商的方式配置和监控 SyncE 和 PTP 时钟将成为常态。

12.5　故障排除和现场测试

本节重点介绍运营人员如何帮助保持网络的一致性和提高应用程序人员的满意度。

12.5.1　常见问题

PTP 的大部分发置非常简单，与配置相关的常见问题是，许多人并不知道配置的每个特性和标志都代表什么。后面的故障排除部分介绍了一些主从不匹配的问题。因此，首先检查 PTP 配置的基本情况，例如确认域名和消息速率的值（如果它们是可配置的），并确保配置的接口是传递 PTP 流量的接口。

另外，最好不要使解决方案过于复杂。配置交叉链接的节点网格比较常见，每个接口都配置为 SyncE 和 PTP 的可能来源。如果其中的 1 个备份链接是好的，通常都会认为其他 3 ~ 4 个肯定更好。但事实并非如此，这样做只会带来更多的不稳定性，而这种不稳定性通常可以追溯到无法理解的拓扑结构所导致的定时循环。设计正常和合理故障条件下的定时流程时，不要只在链路上启用，便期望它能可靠地工作。请注意，这个经验尤其适用于 SyncE，PTP 配置文件（如 G.8275.1）更具宽容性，只要不过度使用大量输入端口。

要注意 TDM 和同步频率输入的正确配置及其质量级别。对于北美市场，任何网络设备的同步都应配置为选项 2 EEC 时钟；而对于其他市场，通常是选项 1

（ITU-T/ETSI）。这种差异反映了 E1 和 T1 系统之间的区别。记住，选项 1（E1 选项）可能是默认选项。

已配置选项的同步值会采用与 TDM 任何配置一致的默认值，因此为 TDM 设置选项 2 会使选项 2 成为 ESMC 的默认值。无论哪种方式，尤其是在北美的系统上工作时，请仔细检查 SSM 和 ESMC 的配置是否设置为选项 2。

另一个陷阱是所谓的恢复模式，在某些设备上可以作为频率选择过程的选项进行指定。通常，当主频率源（例如，来自以太网接口的 SyncE，编号为端口 1）关闭，而端口 2 作为次要频率源有效（并已配置）时，频率系统将选择端口 2。

当端口 1 发出信号表明其已恢复对 QL-PRC/QL-PRS 频率源的可追溯性时，大多数运营商希望系统再次选择优先级较高的端口 1 作为系统的频率源。只有在设置了恢复模式（当然，端口 1 上接收的 QL 与端口 2 上的 QL 相同）时，才会出现这种情况，因为否则它将继续使用端口 2，直到频率源再次重新排列。这困扰了很多工程师。

与频率源相关的定时器也会出现类似的问题。如果配置了恢复模式，则端口 1 将成为系统的源，因为它被配置为比端口 2 优先级更高的输入端口。但是，只有在等待恢复定时器到期后，才会返回端口 1。恢复定时器的默认值为 300s 或 5min。在整个系统依赖接口作为源之前，接口应该显示一段无故障运行的时间。测试工程师经常为设备随机选择频率源，导致往往不能及时切换到正确的端口。这在 G.781 中有规定，应完全按照建议工作。解决这一问题的方法是配置恢复行为，并将恢复定时器的时间减少到合理的最小值（例如 10s）。

12.5.2　故障排除

前面的 12.5.1 一节提到，试图为各种实现编写详细的故障排除指南是一项困难的任务，因为时钟的许多行为都受到其功能设计的影响。解决定时问题的方法也可能受到软件提供的信息种类的影响。

虽然这些经验主要基于作者在 Cisco 路由器方面的丰富经验（对于运行 ptp4l 的 Linux 来说，经验较少），但一些通用原则普遍适用。以下是 Cisco 对网络中隔离时间问题的基本故障查找方法。

第一步，从 PRTC 源（可能是 GNSS 接收机）开始，确认它正在接收良好的卫星信号（有关本主题的详细内容，请参阅本章后面的 12.5.6 节）。

第二步，确认 T-GM 从 PRTC 获得有效的频率、相位和时间信号。如果这两个功能没有组合到一个设备中，则更可能出现问题。如果这两个功能是在单独的设备中，请仔细检查电缆的连续性和信号完整性，以及连接器的兼容性。

第三步，沿着 T-GM 下行的网络链路追溯定时。在每个时钟节点，首先确保节点接收到良好的频率信号，然后检查相位 /PTP。请记住，G.8275.1 必须使用物理频率源，而对于 G.8275.2 来说是可选的。

对于频率：

a. 检查是否选择了正确的频率源，以及设备是否接收到带有 QL-PRC/QL-PRS 的 ESMC 分组（如果 QL 值看起来奇怪或出乎意料，请检查 SSM/ESMC 是否配置了正确的选项）。如果时钟指示频率源是内部的（意味着内部振荡器），则表示出现了问题（没有有效的参考）。

b. 频率选择遵循 ESMC，因此首先检查这一点。如果没有收到 ESMC 分组，则可能需要确保源接口允许未标记的流量。确保 ESMC 分组反映了其到达链路的能力（例如 ESMC 分组未被 "隧道化"，路径中没有铜质 SFP）。

c. 检查设备是否处于正确的频率对齐状态且稳定（无 "抖动"）。

第四步，节点处于频率锁定状态，执行以下步骤以了解时钟相位未对齐的原因。

a. 确认预期接口配置了正确的配置文件、域号和传输方式。对于 G.8275.1，确保允许未标记的流量；对于 G.8275.2，确认到主机的 IP 路径通过预期的接口（用于时间戳支持）。与某些逻辑设备（如环回设备）相比，G.8275.2 可能仅在物理或第 3 层（L3）接口上支持 PTP。

b. 获取 Announce 信息中发现的外部主时钟列表，并检查潜在主时钟正在通告的值。具体来说，检查时钟质量字段、域号和优先级字段。还要确保 GM 正在设置位，以表明其具有可追溯的时间和频率源。确保时钟根据这些 Announce 消息选择了正确的主时钟，并且面向该外部主时钟的端口进入了从状态。

c. 确保分组计数器稳定增长，并与预期分组速率成比例。对于 G.8275.1，请确认分组速率是根据配置文件设置的，并且流向正确。作为快速检查，Delay_Req、Delay_Resp 和 Sync（以及可选的跟进）的计数应该是 Announce 消息数量的两倍。由从端口发送 Delay_Req，其他消息由它接收（主端口则相反）。

d. 对于 G.8275.2，确保时钟正在完成与主时钟的协商，并确认配置的分组速率与主时钟配置相匹配。分组速率不匹配可能会导致 Announce 超时，从而中断整个获取过程。分组追溯非常有用，因为如果怀疑协商过程未能完成，它可以让你看到发生了什么。

当主时钟每秒只发送（例如）一条 Announce 消息，而从时钟希望发送更多（例如每秒八条）时，就会发生 Announce 超时。如果从时钟上的 Announce 超时设置为三条消息，则在从时钟认为自己错过了三条 Announce 消息后，或在 0.375s 后，将触发 Announce 超时事件。这将重新启动整个协商过程，并且永远不会锁定。

第五步，如果没有对齐，请检查单步与两步的互操作性。如果主时钟为两步时钟，则确保在同步分组中设置了两步位，并且后续到达时带有匹配的序列号。从端口应满足以上两种情况之一，但如果知道从设备无法满足，则需要调整主设备。

以下是基于一些常见问题的其他故障排除步骤。

工程师可能会观察到不同频率源之间的摆动，原因是 ESMC 和 SyncE 的定时循环受到了影响。解决方法是检查拓扑中是否存在任何定时循环，例如将每个节点的频率输入数量减少到只有一个主端口和备份端口。打开每个端口作为 SyncE 频率的来源会使故障排除变得复杂，并且很容易引发故障。当然，如果节点支持 SyncE，节点可以在每个端口上输出 SyncE，但要小心限制输入的数量，尤其是在复杂拓扑中。

当网络中的 PDV 过大时，时钟在频率锁定和相位对齐状态之间摆动。发生这种情况的原因包括：

- 存在活跃的定时循环。返回频率步骤，确保同步配置中不存在频率循环。当节点 A 向节点 B 发送 SyncE，而节点 B 向节点 A 发送 PTP（相位）定时时，由于频率信号流入节点 B 上的时钟，这会在它们之间产生循环。

- 当计算出的相位偏移量超出预设限定时（如 1.5μs），伺服系统可能会返回频率锁定状态，并尝试重新获取相位。发生这种情况的原因是，由于 PDV 过大以及主设备和从设备之间的路径不对称，导致时间误差波动非常大。
- 路径中存在未知的节点（尤其是 G.8275.2 中的 PTS 情况）或分组传输中的行为（例如，路径上不具备定时意识的微波系统）可能会导致 PDV 累积。对于 G.8275.1 的 FTS 案例（因为它具有完整的路径支持，并在每个 T-BC 处重置 PDV），这表明底层传输系统或光设备存在一些问题，而不是 PTP 时钟的问题。
- 因频率信号和相位信号的移动之间存在轻微偏差而使频率和相位追溯到不同的时钟，这会导致问题。

故障排除需要经验累积，大多数故障源于设计缺陷、非时间感知节点以及传输和光学系统的缺陷。

下面介绍依据 PTP 时间戳计算出的值、主时钟偏移量（OFM）和平均路径延迟（MPD）来得到时钟恢复机制以及与主时钟的对齐情况。

12.5.3　监控主时钟偏移量和平均路径延迟

从时钟使用四个 PTP 时间戳来计算 OFM 和 MPD。许多运营商知道如何从伺服系统中提取这些值，有些运营商还会密切监视它。一个常见的误解是：认为 OFM 是从时钟准确度的可靠指示。然而，实际上它只是最后一组时间戳的计算值。显然，由于前面部分所谈及的因素，对于每组离散的时间戳，这些计算值都可能有明显的不同。

通过监测这两个值，可以学到：

- 如果 OFM 的值变化很大，这可能是由 PDV 和变化的不对称性引起的。MPD 也是如此，通过一个真实的例子可能更容易理解。假设主时钟和从时钟之间的路径延迟在两个方向上都为 100μs，从设备经过许多步达到该值，并且时钟完全对齐。

因此，假设在理想条件下，离开主时钟的同步时间戳将在 100μs 后到达。从时钟将计算 OFM 和 MPD，并计算出 OFM 为 0ns（因为时钟完全对齐）和 MPD 为 100μs。即使不通过计算，也可以看出，从时钟基本上是将 100μs 路径延迟添加到接收到的 T1 时间戳中。当将调整后的值与其本地时间进行比较时，它们应该是一致的，因为时钟是对齐的，这些时间戳上的路径延迟与预期完全一致。

假设在正向路径（主时钟到从时钟）下一个同步时间戳需要 400μs，而在反向路径只需要 100μs（Delay_Req）。从时钟会计算出往返时间为 500μs，因此假定 MPD 为 250μs（往返时间的一半）。然后，从时钟将把 T1 时间戳解释为从时钟快了 150μs（它花了 400μs 到达，但 MPD 是 250μs）。

因此，OFM 将显示从时钟快了 150μs。事实上，它是完全对齐的；问题在于这一系列的时间戳有 300μs 的不对称性，因此，显示出 150μs 的误差（300 的一半）。

- OFM 通常应在零值附近取平均值，这是可以预期的且是伺服系统的目标——希望收敛到一个状态，即从时钟与主时钟对齐。然而，对于每组时间戳，OFM 不会为零，除非有一组完美的时钟和一个完美的网络。所以，每组时间戳的 OFM 值并不是很重要，但它的变化可反映出很多关于网络稳定性和时间戳准确性的信息。

- 当从时钟第一次获得一个主信号并试图与其对齐时，OFM 可能会以非常大的数值开始，以达到相位对齐状态。如果从时钟刚刚进入保持状态，并正在切换到一个新的主时钟，那么这些值不应该非常大，除非两个主时钟之间有较大的相位偏移（这是另一个问题）。在这两种情况下，OFM 值应迅速向零收敛。如果没有，那么 PDV 就非常糟糕，在最坏的情况下，从时钟可能根本无法锁定。

- 对于 MPD，理想情况下它应该保持不变。如果它是变化的，则网络中存在 PDV。从时钟将无法确定这是来自正向路径还是反向路径，因为计算的平均值是往返时间的平均值。

有些伺服系统会显示两个方向单独的数值，但为了计算这些值，伺服系统会假定本地时钟是正确的。在前面的例子中，如果伺服系统假设本地时钟是正确的，那么它就能够检测到正向路径花费了 400μs（因为假设这一点将使 OFM 的计算等于 0μs）。

在前面的例子中，如果时钟假设其时间是准确的，它可以看到正向路径是 400μs，反向路径是 100μs，因此可能会忽略这些数据，因为它知道这些数据是错误的。当然，它不能继续将数据视为错误，因为它基本不相信来自主时钟的任何数据，除非它与本地时钟一致。

从时间戳计算中可以了解到一些有价值的信息，但要理解这些数据是什么。正如多次重申的那样，几乎没有办法确定独立的从时钟是否与主时钟真正对齐。为了确保这一点，必须将从时钟与另一个参考时钟进行比较。为此，工程师需要使用探测仪或本地参考。

12.5.4　探测仪：有源和无源

如前所述，同步的质量取决于许多因素，包括网络 PDV、不对称性和环境条件。除了监控传输节点的行为和指标外，还可以采用的方法是将测量和监控设备集成到定时分发网络中。

这些设备在实时网络中充当探测仪（也称为传感器），提供有关时间分布状态的连续实时监控信息。运营商在其运营网络的战略点部署这些探测仪；因此，在成本和形态因素方面，它们与实验室测试系统不同。与实验室定时测试仪相比，探测仪通常要便宜得多，并且能够远程管理。

由于这些探测仪是用于测量目的的，所以它们支持以下部分或全部接口。

- GNSS 接收机：探测仪有一个连接到 GNSS 天线的 GNSS 接收机，并将其作为测量参考源。当然，只有当 GNSS 接收机有信号时，探测仪才能进行有意义的测量。
- 频率测试输入信号（例如 SyncE）：使用频率测试输入信号，探测仪可以根据主参考（例如来自 GNSS 接收机的参考）进行测量，这通常是一个以太网接口，连接到定时分发网络中 T-BC/EEC 路由器上的同步输出。
- 来自定时网络中节点的 1PPS 相位 / 时间测试信号：探测仪可使用 1PPS 信

号测量该节点的相位。注意，这可能需要在 T-BC/T-TSC 定时传输节点上进行一些额外的配置（允许 1PPS 端口输出用于测量的相位 / 时间信号）。在网元不具有 PTP 主端口的情况下，可以使用 1PPS 信号，如 T-TSC 时钟。

- 启用 PTP 的以太网接口：启用 PTP 的以太网接口允许探测仪与测试路由器建立 PTP 会话，并接收 PTP 消息流。探测仪使用从该 PTP 会话获得的时间戳来监视和测量网络 T-BC 节点的相位 / 时间对齐误差。

利用这些输入源，探测仪可以实时测量和监控时钟节点或时钟分发网络的性能。测量和监控的确切类型取决于部署的类型。例如，对于 PTS 部署，探测仪可以测量未知节点引入的 PDV。对于 FTS 部署，探测仪可能会监控双向时间误差，对于仅频率的部署，它可能会生成频率漂移的 MTIE/TDEV 图。

通常有两类探测仪，如下所示。

- 有源探测仪：这些设备的行为就像网络中的另一个从时钟节点。定时网络中的网元将连接到它的有源探测仪视为真正的从时钟。

  在 FTS 网络部署中，工程师会将这些探测仪连接到 T-BC 节点，该探测仪的处理方式与网络中的任何其他 T-TSC 一样。然后，有源探测仪可以定期将同步关键性能指标（KPI，如 TE 和 / 或 TIE）导出，也可以根据某些标准（如超出预定义阈值的 cTE 或 dTE）触发通知到集中式 NMS。这有助于精确定位问题的类型和位置，或允许及早发现在定时网络特定区域的问题。

- 无源探测仪：这些探测仪不会成为同步网络的一部分，但如果从有源网元获得了定时信息，则它们能够实时监控和测量同步质量。

  由于这些探测仪不直接连接到定时网络组件，它们基于 PTP 时钟共享的时间数据监控 PTP 会话。为此，无源探测仪需要从 PTP 主端口捕获时间戳数据（t_1 和 t_4 时间戳），以便进行测量和分析。

  包含时间戳的 PTP 消息可以从 PTP 主端口进行镜像，也可以通过探测仪的导线分接。然后，无源探测仪使用自身的从时钟时间戳（t_2 和 t_3）进行分析。安装无源探测仪时，还会测量网络组件（或导线分接点）的光纤距离，从而允许探测仪校准其测量值。

  请注意，这些探测仪只能使用来自 PTP 主端口的 t_1 和 t_4 时间戳进行测量，并且不得使用来自从时钟 Delay_Req 消息中的 t_3 值。t_2 时间戳永远不会被传输（从时钟到主时钟），因此无法从 PTP 消息中捕获。

同时，从 PTP 从时钟返回 PTP 主时钟的 t_3 时间戳（在 Delay_Req 消息中）不需要准确，这只是一个近似值。实际上，从时钟甚至可以将 Delay_Req 中的时间戳设置为零。因此，你需要确保无源探测仪不依赖 t_3 时间戳进行任何测量，因为任何结果肯定是错误的。

因为这些探测仪被放置在现场生产网络中，所以是网络本身的一部分。和其他网络设备一样，运营商需要能够远程自动管理这些设备，并且这些设备具有各自的管理特性，这可能会对现有管理基础设施的集成提出挑战。

控测仪通常由不同的供应商销售，而不是由销售网络设备的供应商销售，因此控测仪管理方法可能与网络设备的管理方法不完全相同。例如，网络设备可能支持流式遥测和自动化，而这些控测仪可能根本不支持流式遥测。或者，即使它们确实支持，遥测数据的格式也可能不同或是专有的，这对运营商来说是一个额外的负担。另一方面，与通用 NMS 相比，这些设备的专业管理可能更适合定时人员。

因此，尽管控测仪在测量和监控网络的同步方面很有用，但将这些设备集成到整体网络管理中需要额外的成本和精力。也许这就是为什么在撰写本文时，这种探索还没有想象中的那样普遍。

12.5.5　现场测试

在部署定时网络时，经常被忽略的一个问题是现场测试。当网络的某个部分似乎出现时钟问题，或者使用时钟的应用程序似乎出现问题时，就需要进行现场测试。例如，某个位置的无线性能不达标或出现意外干扰。为了排除时钟问题这一潜在原因，运营商可能会决定进行一些现场测试。

显然，只有在排除了所有其他可能的原因之后，才应该采取这一步骤。到了这个阶段，运营商应该明白，定时节点的工作是正常的。所有节点都可以追溯到频率和相位源，并且时钟对齐和稳定。请参阅 12.5.2 节，了解时钟检查的细节。如果一切正常，而且部署在该位置的任何探测仪都没有发现任何问题，那么就是进行现场测试的时候了。

现场测试是使用一个参考时钟来确认连接到应用程序的可疑节点（如基站路由器）是否频率锁定和相位对齐。由于这个原因，DUT 应该具有测量端口，以便快速检查节点的频率和相位。运营商通常使用两个测量端口：

- BITS 端口，用于传输频率信号，如 2048 kHz 或 E1/T1。另一种选择可能是配置为输出的 10 MHz 定时端口。
- 1PPS 信号，来自独立连接器（如 BNC 或 DIN 1.0/2.3）或通过 RJ-48c 端口输出的一对引脚上的信号。

运营商可以通过配置节点来产生这两个输出信号，这将允许工程师快速测试该网元上的同步情况。要使其工作，设备需要支持某种方式来输出这些信号，但某些类型的设备可能不支持。例如，对于无线信号，不太可能且有 1PPS 输出插孔用于测量相位/时间误差。在这种情况下，可用的替代方案是测试链路中倒数第二个路由器，看看在最后一跳之前 TE 的性能如何。另一个（正在发展中的）替代方案是测试无线信号本身的时间对齐，通常称为空中测试。

提示：*也可以使用 SyncE 来测量频率，使用 PTP 来测量相位。然而，如果这样做，会带来负面的安全性和操作复杂性。由于存在安全风险，没有运营商希望将设备留在远程位置，并带有活动以太网端口，以备测试。另一种选择是，现场工程师必须与网络运营部门协调，让他们在安排现场测试时配置测试端口，并在测试后关闭。*

因此，如果 DUT 上有测量端口，下一个要求是拥有一台具有频率和相位参考，用于测量 DUT 信号的设备。经常使用的设备是 Calnex Solutions 的 Sentinel。

这些设备允许连接频率源（如 SyncE、E1/T1、2048kHz、10MHz）和相位信号（1PPS、PTP），以实现时间误差和频率测量。有关这些测试的细节，请参见12.3 节。下一个问题是要找到一个频率/相位参考，在现场工程师需要测试设备的远程位点往往没有这些参考。

因此，像 Sentinel 这样的设备有两个组件，它们结合在一起可以提供稳定的定时参考。它们同时配备 GPS 接收机和铷（Rb）振荡器，以便 GPS 接收机可用于调节和校准 Rb 振荡器。工程师将 Sentinel 连接到便携式 GPS 天线上，让其在空中视野下学习一段时间（这可能长达 12h，取决于 Rb 振荡器上次接收有效 GPS 信号的时间）。

为了进行现场测试，工程师断开天线，Rb 振荡器进入（电池供电）保持状态。到达现场后，工程师将设备连接到待测的网络时钟，插入 BITS 和 1PPS 端口，并使用 Rb 振荡器（处于保持状态）测量相位对齐和频率漂移。显然，Rb 振荡器滞留在保持状态的时间越长，测量的准确度就越低。

执行此测试可以明确回答网络时钟是否正确对齐的问题。在一种情况下，这可能是有价值的，即 PTP 与 DUT 的连接中存在大量尚未发现的不对称，并且没有人知道需要补偿来纠正它。

12.5.6　GNSS 接收机和信号强度

无论应用是什么，GNSS 接收机都有一种方法来指示它们所追溯的不同卫星的信号强度。一些接收机以视觉形式（如竖条）显示信号强度，但大多数接收机可以根据实际指标（如载波噪声密度比（C/N_0）或信噪比（SNR））来表示信号强度。这两个术语经常互换使用，它们之间的差异常可忽略。对这些差异的全面理解超出了本书的范围，但你应该知道它们不是相同的度量，它们各自的可接受值范围也非常不同。

SNR 通常用分贝表示。它指的是给定带宽下的信号功率和噪声功率之比。这些功率值通常以分贝毫瓦（dBm，有时为 dBmW）或分贝瓦（dBW）表示。请注意，对于卫星接收，SNR 为负，这意味着信号功率远小于噪声，这就是为什么获取信号是一个复杂而敏感的过程。

另一方面，C/N_0 通常用分贝赫兹（dB-Hz）表示，是指每单位带宽的载波功率和噪声功率之比。令人困惑的是，一些 GNSS 接收机称信号强度值为"SNR"，但报告的却是 C/N_0 数值。

对于接收 GPS L1 C/A 信号，有一些典型的期望值范围。一个合理的接收机可以接收范围为 37 ～ 45 dB-Hz C/N_0 的信号，这大致相当于 −29 ～ −21 dB 的 SNR（负 dB 值越高，信号越弱）。当信号小于 35 dB-Hz 时，接收机可以从信号中解码的数据量开始急剧下降。

GPS 接收机的状态有多个阶段。在采集阶段，接收机试图从噪声中检测并采集卫星信号。在接收机获得卫星信号后，它将移动到追溯回路。一旦开始追溯，接收机可以（缓慢地）接收时间和导航数据，并开始计算位置（三维）和时间的解。大多数接收机确定位置，并随时间平均位置解（以获得更准确的位置）。最后，当接收机确定它已经获得足够精确的位置时，它将切换到定时模式（更精确的位置值可提高时间的精度）。

如果天线视野有限，或者受到某种形式的干扰或多径反射，就会出现问题。调查过程可能很难完成，因为接收方永远无法找到一个足够一致的位置解，以实现准确的定时。更糟糕的是，如果卫星的信号变得太弱或消失，那么接收机将丢失该信号并丢弃其数据。

对于典型的 GPS 接收机，捕获仅限于 35dB-Hz 以上的信号，但可以在信号强度降至 25dB-Hz 左右的情况下继续追溯。这意味着与追溯相比，捕获需要更高的信号强度。低于 28dB-Hz 时，接收机可能会失去继续接收卫星信号的能力。

表 12-3 是 GPS 接收机接收到的一组 C/N_0 值的示例。伪随机噪声（PRN）是卫星（GPS）的代码号，信号强度是 C/N_0 读数，有效性表示信号数据有效，方位角和仰角分别表示卫星的方向和相对地平线的角度。

表 12-3　GPS 接收机可见卫星示例

伪随机噪声	信号强度	有效性	方位角（°）	仰角（°）
10	44	是	247	51
13	37	是	40	13
15	38	是	63	38
16	36	是	277	18
18	39	是	50	62
20	42	是	320	78
23	44	是	300	79
26	37	是	241	19
29	44	是	148	27

表 12-3 中信号强度较低（36，37）的卫星大多具有较低的仰角，这意味着它们距离较远（最远可达 5000km），并且它们的信号必须通过更多的大气层。因此，这些信号会因为路径长度增加而遭受额外分贝的功率降低。从表 12-3 中可以看出，

信号强度最低的三颗卫星都是仰角低于地平线 20° 的卫星。

低仰角意味着信号已经穿过了更多的大气层，并且很可能受到了大气引入的任何传播异常和误差的影响。这就是为什么接收机倾向于在解决方案中排除低空中的卫星（例如，仰角小于 15°）。但无论仰角如何，如果大多数信号强度都太低，那么调查的起点就是接收机的天线和电缆。

要考虑的下一个方面是接收机能以良好的信号强度接收的卫星数量。至少需要四个卫星信号才能确定准确的位置和定时解。将可见卫星广泛分布在接收机周围（方位角和仰角）也有利于改善数据参考点的几何结构。

一旦调查完成，即使只有一颗卫星可见，接收机也可以恢复令人满意的定时解决方案。为了使该模式可行，天线必须固定在接收机已知的位置（这可以来自测量模式）。这是基础数学；接收机需要四颗卫星来求解四个未知数（x、y、z 和 t）的方程，如果位置（x，y，z）已知，那么单颗卫星就可以求解出一个未知数 t。

一旦确信接收机成功接收到良好信号，下一步是确保接收机显示预期的位置和高度，并确保电缆补偿值有效。如果位置错误或测量不完整，那么天线安装和天空视图就是开始调查的逻辑位置。

总之，在调查定时分发网络问题时，不要忘记首先检查时间源，以确保它们准确接收到良好的定时信号，并可追溯到 UTC。

关于 GNSS 的更多信息以及其作为电信网络时间源的使用，一个很好的参考来源是 ITU-T 关于 GNSS 的技术报告，"GSTR-GNSS 关于在电信中使用 GNSS 作为主要时间参考的考虑事项。"

12.5.7　GPS 周翻转

最后一个需要注意的问题是 GPS 周翻转的问题，以及如何在现场的接收机中处理这一问题。这是因为输出 GPS 日历信息（使用 GPS 时间刻度）的原始 GPS 信号使用 10 位字段携带 GPS 周数。此字段统计自 GPS 时间刻度纪元（1980 年 1 月 6 日）以来的周数。

当然，1024 周（约 19.6 年）后，10 位值会溢出或翻转。这在 GPS 的历史上已经发生过两次，第一次是在 1999 年 8 月，第二次是在 2019 年 4 月。新一代卫星上可用的现代化信号使用了 13 位表示 GPS 周数，这将在未来很大程度上避免这一问题，但对于广泛使用的 L1 信号接收机来说，这仍然是一个问题。

解决这个问题的最常用方法是在接收机软件中使用基准日期的概念。以最后一次翻转前的日期为例，假设为 2015 年 6 月 22 日。在全球定位系统日历中，这是全球定位系统第 1850 周的第 173 天。但是请注意，周数已经大于 1024，这是因为周数已经翻转了一次。因此，2015 年 6 月 22 日是第二组周（1024 ～ 2047）的第826 周。GPS L1 传统信号将仅显示第 826 周，因为它们只有 10 位来表示值 1850。

因此，接收机制造商发布的软件是一个使用基准日期的硬编码，比如软件的编译日期。因此，2015 年 6 月 22 日编译的软件假设它从 GPS 接收的日期不会早于该日期。如果接收机从 GPS 接收到的周数为 826 或更大，则假定该日期在 2015 年6 月 22 日至 2019 年 4 月 6 日之间（在此基础上加上 1024，范围为 1850 ～ 2047）。如果周数小于 826，则当前日期必须在另一次翻转之后，并且在下一组 1024 周（2019 年 4 月 7 日以后）的日期范围内，因此它会将 2048 添加到接收到的周数中（给出 2048 及以上的周数）。

这意味着接收机将正确报告从 GPS 第 1850 周（1024+826）到第 2873 周（1850+1023）的日期。但在 2035 年 1 月 28 日，当周数超过 2873 时，接收机将恢复到2015 年 6 月的原始基准日期。

解决这一 GPS 周翻转问题的方法是，只需在较晚的基准日期发布软件的新版本，许多接收机，甚至是智能手机和平板显示器，都使用这种方法，通过自动更新软件来解决基准日期问题。不过，运营商更担心的是，有一些广泛部署的 GPSPRTC/T-GM 型号将在 2022 年 9 月出现这个问题，而且它们没有智能手机那样的自动更新功能。

教训就是确保接收机中的软件保持最新版本。

参考文献

3GPP. 36.104, "Evolved Universal Terrestrial Radio Access (E-UTRA); Base Station (BS) radio transmission and reception." *3GPP*, Release 16, 36.104, 2021. https://

www.3gpp.org/DynaReport/36104.htm

Arul Elango, G., Sudha, G., and B. Francis. "Weak signal acquisition enhancement in software GPS receivers – Pre-filtering combined post-correlation detection approach." *Applied Computing and Informatics* 13, no. 1 (2017). https://www.sciencedirect.com/science/article/pii/S2210832714000271

Calnex Solutions

"Considering Cables." *Calnex Solutions*, Application Note CX5009, 2013. https://www.calnexsol.com/en/docman/techlib/timing-and-sync-lab/137-managing-the-impact-of-cable-delays/file

"G.8262 SyncE Conformance Testing." *Calnex Solutions*, Test Guide CX5001, Version 6.1, 2018. https://info.calnexsol.com/acton/attachment/28343/f-c92c1cbe-20a7-4b32-b238-0116abcb7bd7/1/-/-/-/-/CX5001%20G.8262%20SyncE%20conformance%20testing%20app%20note%20v6.1.pdf

"G.8262.1/G.8262 EECs Conformance Test." *Calnex Solutions*, Test Guide CX3010, Version 1.0, 2018. https://info.calnexsol.com/acton/attachment/28343/f-66bffe95-9a26-4955-9c64-2b3bbc953b7b/1/-/-/-/-/CX3010_G.8262.1_G.8262%20EECs%20Conformance%20Test.pdf

"G.8273.2 BC Conformance Test." *Calnex Solutions*, Test Guide CX3009, Version 1.0, 2018. https://info.calnexsol.com/acton/attachment/28343/f-75fc9b8f-6884-4c7e-bfa8-0f108a5cea0a/1/-/-/-/-/CX3009_G.8273.2%20BC%20Conformance%20Test.pdf

"G.8273.2 T-TSC Conformance Test." *Calnex Solutions*, Test Guide CX3008, Version 1.0, 2018. https://info.calnexsol.com/acton/attachment/28343/f-7d718c02-16a1-4899-9ad9-584e6a8243f3/1/-/-/-/-/CX3008_G.8273.2%20T-TSC%20Conformance%20Test.pdf

"Measuring Time Error Transfer of G.8273.2 T-BCs." *Calnex Solutions*, Application Note CX5034, 2017. https://info.calnexsol.com/acton/attachment/28343/f-305478ee-b527-46d6-a20a-b57f34882104/1/-/-/-/-/Measuring%20TE%20Transfer%20of%20T-BCs.pdf

"T-BC Time Error." *Calnex Solutions*, Test Guide CX5008, Version 6.1, 2018. https://info.calnexsol.com/acton/attachment/28343/f-16531778-3816-4524-9834-586a8616ea17/1/-/-/-/-/CX5008_G.8273.2%20Conformance%20Tests.pdf

"T-TSC Time Error." *Calnex Solutions*, Test Guide CX5020, Version 1.4, 2018. https://info.calnexsol.com/acton/attachment/28343/f-9be6a7a2-b3c0-49f8-99ea-37db1403ba3c/1/-/-/-/-/CX5020%20G.8273.2%20T-TSC%20Conformance%20Test%20Application%20Note.pdf

IEEE Standards Association

IEEE Conformity Assessment Program (ICAP). *IEEE*. https://standards.ieee.org/products-services/icap/index.html

"IEEE Standard for a Precision Clock Synchronization Protocol for Networked Measurement and Control Systems." *IEEE Std 1588-2008*, 2002. https://

standards.ieee.org/standard/1588-2008.html

"IEEE Standard for a Precision Clock Synchronization Protocol for Networked Measurement and Control Systems." *IEEE Std 1588:2019*, 2019. https://standards.ieee.org/standard/1588-2019.html

International Telecommunication Union Telecommunication Standardization Sector (ITU-T)

"G.703: Physical/electrical characteristics of hierarchical digital interfaces." *ITU-T Recommendation*, 2016. https://handle.itu.int/11.1002/1000/12788

"G.781: Synchronization layer functions for frequency synchronization based on the physical layer." *ITU-T Recommendation*, 2020. https://handle.itu.int/11.1002/1000/14240

"G.811: Timing characteristics of primary reference clocks." *ITU-T Recommendation*, Amendment 1, 2016. https://handle.itu.int/11.1002/1000/12792

"G.811.1: Timing characteristics of enhanced primary reference clocks." *ITU-T Recommendation*, 2017. https://handle.itu.int/11.1002/1000/13301

"G.812: Timing requirements of slave clocks suitable for use as node clocks in synchronization networks." *ITU-T Recommendation*, 2004. https://handle.itu.int/11.1002/1000/7335

"G.813: Timing characteristics of SDH equipment slave clocks (SEC)." *ITU-T Recommendation*, Corrigendum 2, 2016. https://handle.itu.int/11.1002/1000/13084

"G.823: The control of jitter and wander within digital networks which are based on the 2048 kbit/s hierarchy." *ITU-T Recommendation*, 2000. https://www.itu.int/rec/T-REC-G.823/en

"G.824: The control of jitter and wander within digital networks which are based on the 1544 kbit/s hierarchy." *ITU-T Recommendation*, Corrigendum 1, 2000. https://www.itu.int/rec/T-REC-G.824/en

"G.8260: Definitions and terminology for synchronization in packet networks." *ITU-T Recommendation*, 2020. https://handle.itu.int/11.1002/1000/14206

"G.8261: Timing and synchronization aspects in packet networks." *ITU-T Recommendation*, Amendment 2, 2020. http://handle.itu.int/11.1002/1000/14526

"G.8261.1: Packet delay variation network limits applicable to packet-based methods (Frequency synchronization)." *ITU-T Recommendation*, Amendment 1, 2014. https://handle.itu.int/11.1002/1000/12190

"G.8262: Timing characteristics of synchronous equipment slave clock." *ITU-T Recommendation*, Amendment 1, 2020. https://handle.itu.int/11.1002/1000/14208

"G.8262.1: Timing characteristics of enhanced synchronous equipment slave clock." *ITU-T Recommendation*, Amendment 1, 2019. https://handle.itu.int/11.1002/1000/14011

"G.8263: Timing characteristics of packet-based equipment clocks." *ITU-T Recommendation*, 2017. https://handle.itu.int/11.1002/1000/13320

"G.8265.1: Precision time protocol telecom profile for frequency synchronization." *ITU-T Recommendation*, Amendment 1, 2019. https://handle.itu.int/11.1002/1000/14012

"G.8271: Time and phase synchronization aspects of telecommunication networks." *ITU-T Recommendation*, 2020. https://handle.itu.int/11.1002/1000/14209

"G.8271.1: Network limits for packet time synchronization in packet networks with full timing support from the network." *ITU-T Recommendation*, Amendment 1, 2020. https://handle.itu.int/11.1002/1000/14527

"G.8271.2: Network limits for time synchronization in packet networks with partial timing support from the network." *ITU-T Recommendation*, Amendment 2, 2018. https://handle.itu.int/11.1002/1000/13768

"G.8272: Timing characteristics of primary reference time clocks." *ITU-T Recommendation*, Amendment 1, 2020. https://handle.itu.int/11.1002/1000/14211

"G.8272.1: Timing characteristics of enhanced primary reference time clocks." *ITU-T Recommendation*, Amendment 2, 2019. https://handle.itu.int/11.1002/1000/14014

"G.8273: Framework of phase and time clocks." *ITU-T Recommendation*, Corrigendum 1, 2020. https://handle.itu.int/11.1002/1000/14528

"G.8273.2: Timing characteristics of telecom boundary clocks and telecom time slave clocks for use with full timing support from the network." *ITU-T Recommendation*, 2020. https://handle.itu.int/11.1002/1000/14507

"G.8273.3: Timing characteristics of telecom transparent clocks for use with full timing support from the network." *ITU-T Recommendation*, 2020. https://handle.itu.int/11.1002/1000/14508

"G.8273.4: Timing characteristics of telecom boundary clocks and telecom time slave clocks for use with partial timing support from the network." *ITU-T Recommendation*, 2020. https://handle.itu.int/11.1002/1000/14214

"G.8275: Architecture and requirements for packet-based time and phase distribution." *ITU-T Recommendation*, 2020. https://handle.itu.int/11.1002/1000/14509

"G.8275.1: Precision time protocol telecom profile for phase/time synchronization with full timing support from the network." *ITU-T Recommendation*, Amendment 1, 2020. https://handle.itu.int/11.1002/1000/14543

"G.8275.2: Precision time protocol telecom profile for time/phase synchronization with partial timing support from the network." *ITU-T Recommendation*, Amendment 1, 2020. https://handle.itu.int/11.1002/1000/14544

"GSTR-GNSS: Considerations on the Use of GNSS as a Primary Time Reference in Telecommunications." *ITU-T Technical Report*, 2020. http://handle.itu.int/11.1002/pub/815052de-en

"Q13/15 – Network synchronization and time distribution performance." *ITU-T Study Groups*, Study Period 2017–2020. https://www.itu.int/en/ITU-T/studygroups/2017-2020/15/Pages/q13.aspx

Internet Engineering Task Force (IETF)

Bjorklund, M. "The YANG 1.1 Data Modeling Language." *IETF*, RFC 7950, 2016. https://tools.ietf.org/html/rfc7950

Bjorklund, M. "YANG – A Data Modeling Language for the Network Configuration Protocol (NETCONF)." *IETF*, RFC 6020, 2010. https://tools.ietf.org/html/rfc6020

Enns, R. "NETCONF Configuration Protocol." *IETF*, RFC 4741, 2006. https://tools.ietf.org/html/rfc4741

Enns, R. "Network Configuration Protocol (NETCONF)." *IETF*, RFC 6241, 2011. https://tools.ietf.org/html/rfc6241

Jiang, Y., X. Liu, J. Xu, and R. Cummings. "YANG Data Model for the Precision Time Protocol (PTP)." *IETF*, RFC 8575, 2019. https://tools.ietf.org/html/rfc8575

Shankarkumar, V., L. Montini, T. Frost, and G. Dowd. "Precision Time Protocol Version 2 (PTPv2) Management Information Base." *IETF*, RFC 8173, 2017. https://tools.ietf.org/html/rfc8173

Navstar GPS Directorate. "NAVSTAR GPS Space Segment/Navigation User Segment Interfaces." *GPS Interface Specification*, Revision L, 2020. https://www.gps.gov/technical/icwg/IS-GPS-200L.pdf